U0260036

7.4

实战：动漫角色设计

技术难度：★ ★ ★ ☑专业级

实例描述：用钢笔工具绘制基本轮廓并填色。通过修改画笔参数绘制花边图案、用符号制作装饰图案、用液化工具制作变形图案。

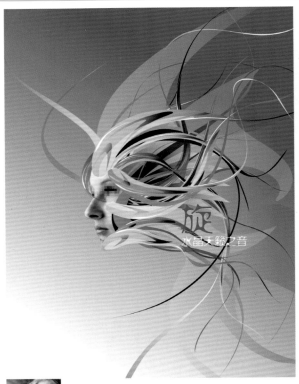

10.4 幻想艺术插画

技术难度：★ ★ ★ ★ ★ ☑专业级

7.5 实战：绘制
超写实效果人像

技术难度：★ ★ ★ ★ ★ ☑专业级

4.17 实战：不锈钢水杯

4.16 实战：运动鞋

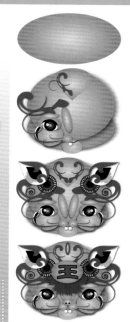

8.4 实战：《装饰图案集》
封面设计

技术难度：★★★★★ ☑专业级

实例描述：准确定义封面大小，通过参考线将封面、封底和书脊划分出来。使用钢笔工具和各种绘图工具绘制图形，用变换工具创建对称效果。

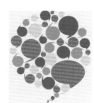

9.8 实战：海报版面设计

9.5 实战：制作书签和壁纸

7.3 实战：小青蛙

3.2 实战：冰雕字

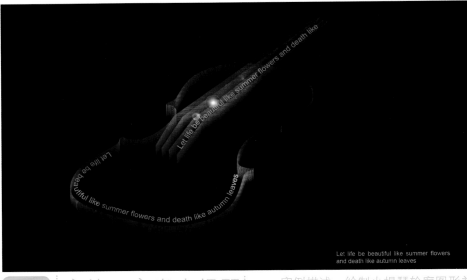

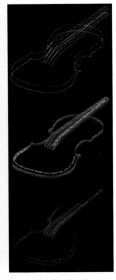

10.5 实战：夜光小提琴

技术难度：★★★ ☑专业级

实例描述：绘制小提琴轮廓图形并用不同的颜色描边，通过混合制作梦幻琴身。通过路径文字沿琴身排布文字。

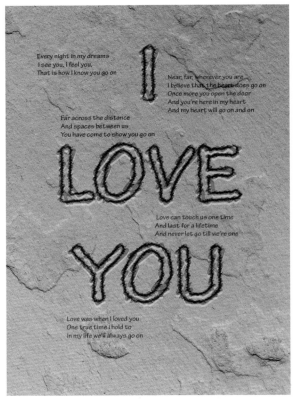

2.15 实战3D效果：镂空立方体

3.12 实战：石刻字

2.16　实战文字：诗集页面设计

2.1　实战绘图：艺术台词框

2.11　实战不透明度蒙版：奇妙字符画

2.7　实战变换：抽象蝴蝶图案

5.6　实战：手机UI设计

2.4　实战渐变：水晶按钮

5.5　实战：水晶按钮

10.3 实战：拼贴艺术插画
技术难度：★★★★★ ☑专业级

实例描述：用不透明度蒙版遮盖人像素材，用自定义的符号制作碎片效果。

8.3 实战：软件图书封面设计

9.10 实战：艺术展海报

6.5 实战：菠萝汁汽水瓶设计

2.12 实战画笔：荷塘雅趣

6.7 实战：花之恋礼品盒

10.2 实战：装饰风格插画

9.1 实战：滑板创意

2.5 实战渐变网格：小小鸟

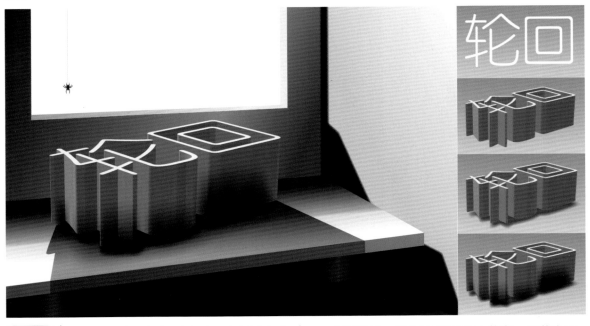

| 3.19 | 实战：与空间结合的特效字 | 实例描述：用3D效果制作立体字，调整光源、添加投影。 |

技术难度：★ ★ ★ ★ ★ ☑专业级

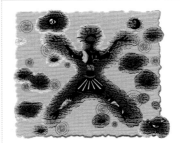

| 4.13 | 实战：色肌理效果 |

| 4.15 | 实战：几何图形之间的混合 |

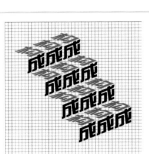

| 3.7 | 实战：阶梯字 |

| 7.2 | 实战：卡通形象设计 |

| 6.2 | 实战：怪物唱片 |

| 8.2 | 实战：《数码插画》画册设计 | 实例描述：用不透明度蒙版编辑人像。绘制纹理并填充渐变和图案。 |

技术难度：★★★ ☑专业级

| 4.14 | 实战：纷飞的蜻蜓图案 |

| 4.9 | 实战：多彩光线 |

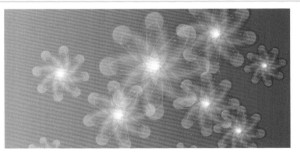

| 3.15 | 实战：透明变形字 |

| 4.10 | 实战：水晶花纹 |

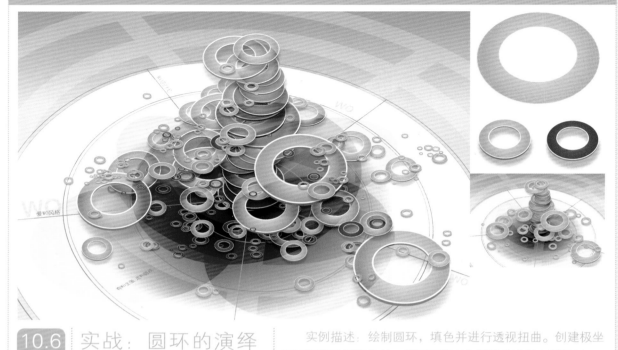

10.6 实战：圆环的演绎
技术难度：★★★★★ ☑专业级

实例描述：绘制圆环，填色并进行透视扭曲。创建极坐标网格并进行3D旋转。将圆环定义为符号并进行大量复制。

5.2 实战：彩虹按钮

3.14 实战：路径特效字

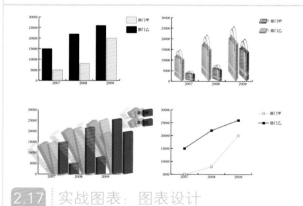

2.17 实战图表：图表设计

3.8 实战：立体字

6.7 实战：花之恋礼品盒

3.17 实战：前卫艺术涂鸦字

9.9 实战：饮料宣传海报

2.3 实战图像描摹：前卫插画

3.18 实战：3D空间立体字

9.6 实战：霓虹灯效果POP广告

4.1~4.5

3.9 实战：海报字

2.10 实战剪切蒙版：Q版头像

2.13 实战符号：花花的笔记本

8.2 实战：《数码插画》画册设计

2.8 实战封套扭曲：弧形立体字

2.14 实战效果：光盘盘面设计

4.11 实战：有机玻璃的裂痕

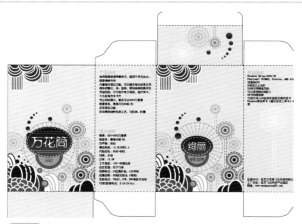

6.6 实战：制作包装盒平面图、立体图

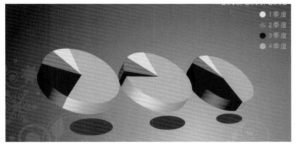

9.3　实战：立体效果年报

4.12　实战：织物效果

6.4　实战：三维饮料瓶

2.6　实战实时上色：决战NBA

3.13　实战：画笔描边字

3.10　实战：线绳字

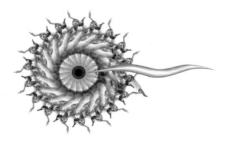

9.2　实战：分形艺术

3.3　3.3 实战：油漆字

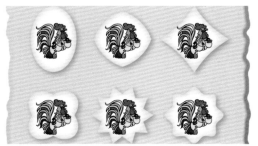

5.3 实战：生肖钮扣

9.7 实战：展示卡式POP广告

9.4 9.4 实战：名片设计

9.4 实战：名片设计

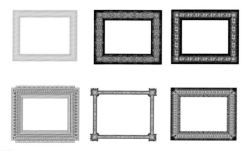

2.9 实战混合：制作6种风格相框

3.11 实战：橡胶字

3.6 实战：层叠字

3.4 实战：玻璃字

光盘附赠

AI格式素材
EPS格式素材
色谱类电子书

AI格式素材

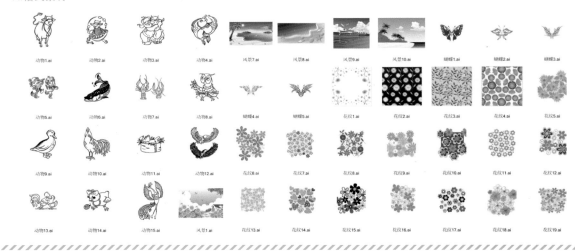

| 动物1.ai | 动物2.ai | 动物3.ai | 动物4.ai | 风景7.ai | 风景8.ai | 风景9.ai | 风景10.ai | 蝴蝶1.ai | 蝴蝶2.ai | 蝴蝶3.ai |

| 动物5.ai | 动物6.ai | 动物7.ai | 动物8.ai | 蝴蝶4.ai | 蝴蝶5.ai | 花纹1.ai | 花纹2.ai | 花纹3.ai | 花纹4.ai | 花纹5.ai |

| 动物9.ai | 动物10.ai | 动物11.ai | 动物12.ai | 花纹6.ai | 花纹7.ai | 花纹8.ai | 花纹9.ai | 花纹10.ai | 花纹11.ai | 花纹12.ai |

| 动物13.ai | 动物14.ai | 动物15.ai | 风景1.ai | 花纹13.ai | 花纹14.ai | 花纹15.ai | 花纹16.ai | 花纹17.ai | 花纹18.ai | 花纹19.ai |

EPS格式素材

| 1.eps | 2.eps | 3.eps | 4.eps | 5.eps | 1.eps | 2.eps | 3.eps | 4.eps | 5.eps | 1.eps |

| 6.eps | 7.eps | 8.eps | 9.eps | 10.eps | 6.eps | 7.eps | 8.eps | 9.eps | 10.eps | 6.eps |

| 11.eps | 12.eps | 13.eps | 14.eps | 15.eps | 11.eps | 12.eps | 13.eps | 14.eps | 15.eps | 11.eps |

| 16.eps | 17.eps | 18.eps | 19.eps | 20.eps | 16.eps | 17.eps | 18.eps | 19.eps | 20.eps | 16.eps |

色谱表（电子书）

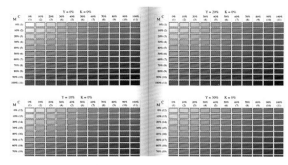

CMYK色谱手册（电子书）

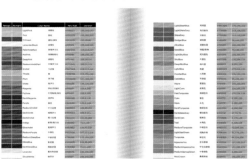

以上电子书为pdf格式，需要使用 Adobe Reader 观看。
登陆 http://get.adobe.com/cn/reader/ 可以下载免费的 Adobe Reader。

Illustrator

完全实战

技术手册

（CS6/CC 适用）

李金蓉／编著

清华大学出版社

北 京

内 容 简 介

本书是初学者自学 Illustrator 的全实战案例教程。全书包含 128 个实例，不仅囊括了 Illustrator 的基本操作方法，还涵盖了平面设计、数码插画、UI 设计等相关领域，读者在动手实践的过程中可以轻松地掌握软件的使用技巧，了解各种设计项目的制作流程，充分体验 Illustrator 的学习和使用乐趣，真正做到学以致用。

本书适合广大 Illustrator 爱好者，以及从事广告设计、平面创意、包装设计、插画设计、UI 设计、网页设计、动画设计的人员学习参考，亦可作为高等学校相关专业的教材。

图书在版编目（CIP）数据

Illustrator 完全实战技术手册（CS6/CC 适用）/ 李金蓉编著 . — 北京 : 清华大学出版社 , 2016（2022.1 重印）
ISBN 978-7-302-44030-7

Ⅰ . ① I… Ⅱ . ① 李… Ⅲ . ① 图形软件—手册 Ⅳ . ① TP391.41-62

中国版本图书馆 CIP 数据核字 (2016) 第 127831 号

责任编辑：陈绿春
封面设计：潘国文
责任校对：胡伟民
责任印制：丛怀宇

出版发行：清华大学出版社
   网 址：http://www.tup.com.cn，http://www.wqbook.com
   地 址：北京清华大学学研大厦 A 座   邮 编：100084
   社 总 机：010-62770175   邮 购：010-83470235
   投稿与读者服务：010-62776969, c-service@tup.tsinghua.edu.cn
   质量反馈：010-62772015, zhiliang@tup.tsinghua.edu.cn
   课件下载：http://www.tup.com.cn,010-83470236
印 装 者：涿州市京南印刷厂
经 销：全国新华书店
开 本：188mm×260mm 印 张：18.5 插 页：8 字 数：605 千字
     （附 DVD1 张）
版 次：2016 年 10 月第 1 版   印 次：2022 年 1 月第 5 次印刷
定 价：39.80 元

产品编号：065627-01

对于 Illustrator 爱好者来说，不论是想要入门的初学者，还是具备了一定基础想要进阶的人，动手实践是最为高效、快捷的学习方式。

本书是一本 Illustrator 全实战案例教程。本书包含 128 个实例，从 Illustrator 入门知识和基本操作方法开始讲起，几乎每一个工具、面板和重要功能的讲解都会对应一个实例，以便最大限度地帮助读者了解和使用 Illustrator。即便是初学者，也能立即上手操作，充分体验 Illustrator 的神奇魅力，获得立竿见影的学习效果。

成为 Illustrator 高手的关键不仅在于透彻地理解 Illustrator，更在于能够熟练地使用 Illustrator 完成各种设计工作，将头脑中的想法和创意变成真实的作品。本书的实例不仅囊括了 Illustrator 的基本操作方法，还涵盖了平面设计、数码插画、UI 设计等范畴，充分展现了 Illustrator 在设计工作中用到的技巧、经验和各种关键技术。

本书章节及实例的安排经过了作者的充分考虑，力求做到全面、细致、循序渐进。

第 1 章以入门知识为主，通过 42 个实战练习，全面地介绍 Illustrator 的基本操作方法。

第 2 章包含 18 个实战练习，每一个实战对应一项功能，包括绘图、图形运算、图像描摹、渐变、渐变网格、实时上色、变换、封套扭曲、混合、剪切蒙版、不透明度蒙版、画笔、符号、效果、3D、文字、图表、动画等，基本涵盖了 Illustrator 的所有重要功能。

第 3 章～第 10 章通过实例讲解 Illustrator 在设计领域的应用，包括特效字、质感与纹理、UI 设计、包装设计、卡通和动漫设计、书籍装帧设计、平面设计、插画设计等不同的设计门类。

本书的配套光盘中包含实例的素材文件、最终效果文件，同时，还附赠精美矢量素材、电子书，以及 74 段视频教学录像。

本书由李金蓉主笔，此外，参与编写工作的还有李金明、李保安、贾一、王熹、姜成繁、白雪峰、贾劲松、包娜、徐培育、李志华、谭丽丽、李宏宇、王欣、陈景峰、李萍、崔建新、徐晶、王晓琳、许乃宏、张颖、苏国香、宋茂才、宋桂华、李锐、尹玉兰、马波、季春建、于文波、李宏桐、王淑贤、周亚威、李哲、杨秀英等。如果您对本书有好的建议或者在学习中遇到问题，可随时与我们联系，Email：ai_book@126.com。

作者

2016 年 8 月

目录
CONTENTS

第 2 章　Illustrator 重要功能全接触 35

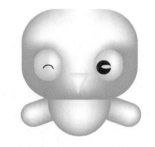

第 3 章　字体设计与特效 85

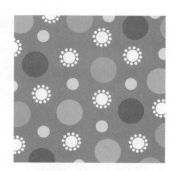

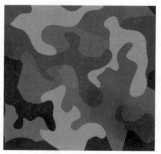

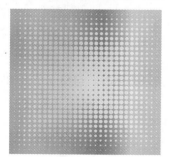

第 7 章　卡通、动漫设计 177

第 8 章　书籍装帧设计 201

第9章　平面设计 223

学习重点

●位图与矢量图　　　　●设置填色和描边
●文档窗口　　　　　　●认识路径和锚点
●实战：显示、隐藏与锁定　●实战：调整方向线和方向点

第 1 章

从零开始

扫描二维码，关注李老师的个人小站，了解更多 Photoshop、Illustrator 实例和操作技巧。

1.1 认识数字化图形

计算机平面设计软件分为两大类，一是以 Photoshop 为代表的位图软件；另一类是以 Illustrator、CorelDraw 等为代表的矢量软件。

1.1.1 位图与矢量图

数码相机拍摄的照片，如图 1-1 所示，以及网页上的图像等属于位图。位图是由像素组成的，它的优点是可以精确地表现颜色的细微过渡，也容易在各种软件之间交换。缺点是占用的存储空间较大，而且会受到分辨率的制约，在放大时图像的清晰度会下降。如图 1-2 所示为图像放大后的局部细节，可以看到，画面已经变得有些模糊了。

矢量图是由数学对象定义的直线和曲线构成的，与分辨率没有关系，因此，无论怎样缩放，图形都会保持清晰、光滑，如图 1-3 和图 1-4 所示。矢量图的这种特点非常适合制作图标、Logo 等需要按照不同尺寸使用的图形，而且矢量图只占用很小的存储空间。

图 1-1　　　　　　　　图 1-2　　　　　　　　图 1-3　　　　　　　　图 1-4

像素是一种非常小的正方形，几百万甚至几千万个像素才能构成一幅图像。在 Photoshop 中使用"缩放工具"可以观察到单个像素；分辨率是指单位长度内包含的像素的个数。

1.1.2 文件格式

存储或导出图稿时，Illustrator 会将图稿数据写入文件。数据的结构取决于选择的文件格式。Illustrator 中的图稿可以存储为 4 种基本格式，即 AI、PDF、EPS 和 SVG，它们可以保留所有的 Illustrator 数据，因此，也被称为"本机格式"。用户也可以以其他格式导出图稿，但在 Illustrator 中重新打开以非本机格式存储的文件时，可能无法检索到所有数据。基于这个原因，最好以 AI 格式存储图稿，再以其他格式另存为一个图稿副本。

执行"文件→存储为"、"文件→导出"和"文件→存储为Web所用格式"命令时，都可以选择文件格式，如图1-5和图1-6所示。

图 1-5

图 1-6

文件格式	说明
Adobe Illustrator（AI）	Illustrator 的本机格式，可以保留所有的图形、样式、效果和图层、蒙版、符号、画笔和混合等编辑项目
Adobe PDF（PDF）	便携文档格式（PDF）是一种跨平台、跨应用程序的通用文件格式，它支持矢量数据和位图数据，具有电子文档搜索和导航功能，是 Illustrator 和 Acrobat 的主要格式
Illustrator EPS（EPS）	EPS 是一种通用的文件格式，几乎所有的页面版式、文字处理和图形应用程序都支持该格式。EPS 格式保留许多使用 Illustrator 创建的图形元素，这意味着可以重新打开 EPS 文件并作为 Illustrator 文件编辑。因为 EPS 文件基于 PostScript 语言，所以它们可以包含矢量和位图图形。如果图稿包含多个画板，将其存储为 EPS 格式时，也会保留这些画板
Illustrator Template（ATI）	Illustrator 模板文件使用的格式
SVG（SVG）/ SVG 压缩（SVGZ）	SVG 是一种可以产生高质量交互式 Web 图形的矢量格式。它有两种版本：SVG 和压缩 SVG（SVGZ）。SVGZ 可以将文件大小减小 50% ~ 80%，但不能使用文本编辑器编辑 SVGZ 文件。将图稿导出为 SVG 格式时，网格对象将栅格化。此外，没有 Alpha 通道的图像将转换为 JPEG 格式，具有 Alpha 通道的图像将转换为 PNG 格式
AutoCAD 绘图（DWG）	AutoCAD 绘图（DWG）格式是用于存储 AutoCAD 中创建的矢量图形的标准文件格式
AutoCAD 交换文件（DXF）	AutoCAD 交换文件（DXF）格式是用于导出 AutoCAD 绘图或从其他程序导入绘图的绘图交换格式
BMP	标准的 Windows 图像格式。该格式可以指定颜色模型、分辨率和消除锯齿设置以用于栅格化图稿，以及格式（Windows 或 OS/2）和位深度用于确定图像可以包含的颜色总数。对于使用 Windows 格式的 4 位和 8 位图像，还可以指定 RLE 压缩
CSS	级联样式表。它是一种用来表现 HTML（标准通用标记语言的一个应用）或 XML（标准通用标记语言的一个子集）等文件样式的计算机语言
Flash（SWF）	基于矢量的图形格式，用于交互动画 Web 图形。将图稿导出为 Flash（SWF）格式后，可以在 Web 中使用，并可以在任何配置了 Flash Player 增效工具的浏览器中查看图稿
JPEG	JPEG 是由联合图像专家组开发的文件格式，常用于存储照片。JPEG 格式可以保留图像中的所有颜色信息，并通过有选择地扔掉数据来压缩文件大小。JPEG 也是在 Web 上显示图像的标准格式
Macintosh PICT	该格式由 Macintosh PICT 与 Mac OS 图形和页面布局应用程序结合使用，以便在应用程序之间传输图像。PICT 在压缩包含大面积纯色区域的图像时非常有效
Photoshop（PSD）	标准的 Photoshop 格式，可以保留文档中包含的图层、蒙版、路径、未栅格化的文字和图层样式等内容。如果图稿包含不能导出到 Photoshop 格式的数据，则 Illustrator 可以通过合并文档中的图层或栅格化图稿，以保留其外观。因此，图层、子图层、复合形状和可编辑文本可能无法在 PSD 文件中存储

文件格式	说明
PNG	PNG（便携网络图形）用于无损压缩和 Web 上的图像显示。与 GIF 不同，PNG 支持 24 位图像并产生无锯齿状边缘的背景透明度。但是某些 Web 浏览器不支持 PNG 图像。PNG 可以保留灰度和 RGB 图像中的透明效果
Targa（TGA）	可以在 Truevision 视频板的系统上使用。存储为该格式时可以指定颜色模型、分辨率和消除锯齿设置以用于栅格化图稿，以及位深度以用于确定图像可以包含的颜色总数
TIFF	用于在应用程序和计算机平台之间交换文件。TIFF 是一种灵活的位图图像格式，绝大多数绘图和图像编辑和页面排版应用程序都支持该格式。大部分桌面扫描仪都可以生成 TIFF 文件
Windows 图元文件（WMF）	16 位 Windows 应用程序的中间交换格式。几乎所有 Windows 绘图和排版应用程序都支持 WMF 格式。但是，它仅支持有限的矢量图形
文本格式（TXT）	用于将插图中的文本导出到文本文件
增强型图元文件（EMF）	Windows 应用程序广泛用作导出矢量图形数据的交换格式。Illustrator 将图稿导出为 EMF 格式时会栅格化一些矢量数据

Point 常用的矢量格式有Illustrator的AI格式、CorelDraw的CDR格式、Auto CAD的DWG格式、Microsoft的WMF格式、Word Perfect的WPG格式、Lotus的PIC格式和Venture的GEM格式等。虽然许多绘图软件都能打开矢量文件，但并不是所有的程序都能把这些文件以它原来的格式存储。

1.2　Illustrator工作界面

　　Illustrator的工作界面典雅而实用，工具的选取、面板的访问、工作区的切换等都十分方便。不仅如此，用户还可以自定义工具面板、调整工作界面的亮度，以便凸显图稿。诸多设计的改进，为用户提供了更加流畅和高效的编辑体验。

1.2.1　实战：文档窗口

　　Illustrator的工作界面由菜单栏、工具箱、状态栏、文档窗口、面板和控制面板等组件组成，如图1-7所示。

图 1-7

项目	说明
标题栏	显示了当前文档的名称、视图比例和颜色模式等信息。当文档窗口以最大化显示时（单击文档窗口右上角的 ▭ 按钮），以上项目将显示在程序窗口的标题栏中
菜单栏	菜单栏用于组织菜单内的命令。Illustrator 有 9 个主菜单，每一个菜单中都包含不同的命令
工具箱	包含用于创建和编辑图像和图稿和页面元素的工具
控制面板	显示了与当前所选工具有关的选项，它会随着所选工具的不同而改变
面板	用于配合编辑图稿、设置工具参数和选项。很多面板都有相应的菜单，包含特定于该面板的选项。面板可以编组、堆叠和停放
状态栏	可以显示当前使用的工具、日期、时间和还原次数等信息
文档窗口	编辑和显示图稿的区域

01 按快捷键Ctrl+O，弹出"打开"对话框，按住Ctrl键单击光盘中的两个素材，将它们选中，如图1-8所示，单击"打开"按钮，在Illustrator 中打开文件，如图1-9所示。文档窗口内的黑色矩形框是画板，画板内部是绘图区域，也是可以打印的区域；画板外是画布，画布上也可以绘图，但不能被打印出来。

图 1-8

图 1-9

02 当同时打开多个文档时，Illustrator会为每一个文档创建一个窗口，所有窗口都停放在选项卡中，单击一个文档的名称，可将其设置为当前操作的窗口，如图1-10所示。按快捷键Ctrl+Tab，可以循环切换各个窗口。

03 在一个文档的标题栏上单击并向下拖曳，可将其从选项卡中拖出，使之成为浮动窗口。拖曳浮动窗口的标题栏可以移动窗口，拖曳边框可以调整窗口的大小，如图1-11所示。将窗口拖回选项卡，可将其停放回去。

图 1-10

图 1-11

04 如果打开的文档较多，选项卡中不能显示所有文档的名称，可以单击选项卡右侧的 ≫ 按钮，在弹出的菜单中选择所需文档的选项，如图1-12所示。如果要关闭一个窗口，可以单击其右上角的 ✖ 按钮。如果要关闭所有窗口，可以在选项卡上单击鼠标右键，弹出快捷菜单，选择其中的"关闭全部"命令即可，如图1-13所示。

图 1-12

图 1-13

05 执行"编辑→首选项→用户界面"命令，打开"首选项"对话框，在"亮度"选项中可以调整界面亮度

（从黑色到浅灰色共4种），如图1-14和图1-15所示。

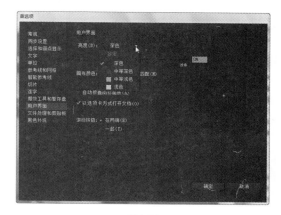

图 1-14

图 1-15

1.2.2 实战：工具箱

01 Illustrator的工具箱中包含用于创建和编辑图形、图像和页面元素的工具，如图1-16所示。单击工具箱顶部的双箭头按钮，可以将其切换为单排或双排显示，如图1-17所示。

图 1-16

图 1-17

02 单击一个工具即可选择该工具，如图1-18所示。如果工具右下角有三角形图标，则表示这是一个工具组，在这样的工具上单击可以显示隐藏的工具，如图1-19所示；按住鼠标按键，将光标移动到其中的一个工具上，然后释放鼠标按键，即可选择隐藏的工具，如图1-20所示；按住 Alt 键单击一个工具组，可以循环切换各个隐藏工具。

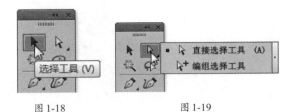

图 1-18　　　　　　　　　图 1-19

图 1-20

03 单击工具组右侧的拖出按钮，如图1-21所示，会弹出一个独立的工具组面板，如图1-22所示。将光标放在面板的标题栏上，单击并向工具箱边界处拖曳，可将其与工具箱停放在一起（水平或垂直方向均可停放），如图1-23所示。如果要关闭工具组，可将其从工具箱中拖出，再单击面板组右上角的 ✕ 按钮。

图 1-21　　　　　　　　　图 1-22

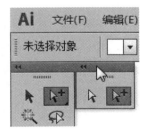

图 1-23

04 如果经常使用某些工具，可以将它们整合到一个新的工具箱中，以方便使用。操作方法是执行"窗口→工具→新建工具箱"命令，打开"新建工具面板"对话框，如图1-24所示，单击"确定"按钮，创建一个工具箱，如图1-25所示。将所需工具拖曳到该面板的加号处，即可将其添加到该面板中，如图1-26和图1-27所示。

图 1-24　　　　　　　　　图 1-25

图 1-26　　　　　　　　　图 1-27

Point 单击工具箱顶部的 ◀◀ 按钮并向外拖曳，可将其从停放状态拖出，放置在任意位置。

1.2.3 实战：面板

Illustrator 提供了 30 多个面板，它们的功能各不相同，有的用于配合编辑图稿，有的用于设置工具参数和选项，用户可以根据使用需要对面板进行编组、堆叠和停放等操作。如果要打开某一个面板，在"窗口"菜单中选择相应命令即可。

01 在默认情况下，面板都是成组停放于窗口右侧的，如图1-28所示。单击面板右上角的 ◀◀ 按钮，可以将面板折叠成图标状，如图1-29所示。单击一个图标，可展开相应的面板，如图1-30所示。

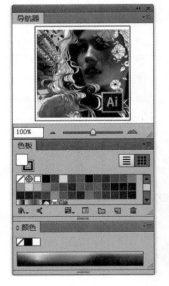

图 1-28　　　　　　　　　图 1-29

图 1-30

02 在面板组中，上下、左右拖曳面板的名称可以重新组合面板，如图1-31和图1-32所示。

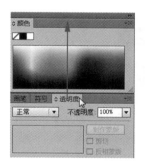 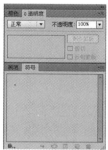

图 1-31　　　　　　　图 1-32

03 将一个面板名称拖曳到窗口的空白处，如图1-33所示，可将其从面板组中分离出来，使之成为浮动面板，如图1-34所示。拖曳浮动面板的标题栏可以将它放在窗口中的任意位置。

图 1-33　　　　　　　图 1-34

04 单击面板顶部的 ❖ 按钮，可以逐级隐藏或显示面板选项，如图1-35~图1-37所示。

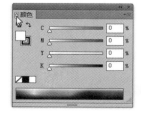 

图 1-35　　　　　　　图 1-36

图 1-37

05 在一个浮动面板的标题栏上单击，并将其拖曳到另一个浮动面板的底边处，当出现蓝线时释放鼠标，可以堆叠这两个面板，如图1-38和图1-39所示。堆叠的面板可以同时移动位置（拖曳标题栏上面的黑线），也可以单击 ❖ 按钮，将其中的一个面板最小化。

图 1-38　　　　　　　图 1-39

06 拖曳面板右下角的"大小"图标 ▥▥▥，可以调整面板的大小，如图1-40所示。如果要改变停放中的所有面板的宽度，可以将光标放在面板的左侧边界，单击并向左或向右拖曳鼠标，如图1-41所示。

图 1-40　　　　　　　图 1-41

07 单击面板右上角的 ▼▤ 按钮，可以打开面板菜单，如图1-42所示。如果要关闭浮动面板，可以单击它右上角的 ✖ 按钮；如果要关闭面板组中的面板，可以在它的标题栏上单击鼠标右键，打开快捷菜单，如图1-43所示，选择"关闭选项卡组"命令。

图 1-42

图 1-43

1.2.4 实战：控制面板

控制面板集成了"画笔"、"描边"和"图形样式"等多个面板，如图1-44所示，这意味着用户不必打开这些面板，便可在控制面板中进行相应的操作。控制面板还会随着当前工具和所选对象的不同而变换选项内容。

图 1-44

01 单击带有下画线的蓝色文字，可以打开面板或对话框，如图1-45所示。在面板或对话框以外的区域单击，可将其关闭。单击菜单按钮 ▼ ，可以打开下拉菜单或下拉面板，如图1-46所示。

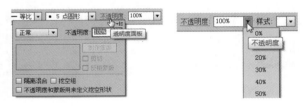

图 1-45　　　　　　　图 1-46

02 在文本框中双击，选中字符，如图1-47所示，重新输入数值并按回车键可以修改数值，如图1-48所示。

图 1-47　　　　　　图 1-48

03 拖曳控制面板最左侧的手柄栏，如图1-49所示，可将其从停放状态中移出，放在窗口底部或其他位置。如果要隐藏或重新显示控制面板，可以通过"窗口→控制"命令来切换。

04 单击控制面板最右侧的 ▼≣ 按钮，可以打开面板菜单，如图1-50所示。菜单中带有"√"号的选项为当前在控制面板中正在显示的选项，单击一个选项，去掉"√"号，可在控制面板中隐藏该选项。移动了控制面板以后，如果想要将其恢复到默认位置，可以执行该面板菜单中的"停放到顶部"或"停放到底部"命令。

图 1-49　　　　　　　图 1-50

Point 按快捷键Shift+Tab，可以隐藏面板；按快捷键Tab，可以隐藏工具箱、控制面板和其他面板；再次按下相应的按键可以重新显示被隐藏的面板或组件。

1.2.5 实战：菜单命令

01 Illustrator有9个主菜单，如图1-51所示，每个菜单中都包含不同类型的命令。单击一个菜单即可打开该菜单。在菜单中，带有黑色三角标记的命令表示还包含下一级子菜单。

Ai　文件(F)　编辑(E)　对象(O)　文字(T)　选择(S)　效果(C)　视图(V)　窗口(W)　帮助(H)

图 1-51

02 选择菜单中的一个命令即可执行该命令。如果命令右侧有快捷键，如图1-52所示，则可以通过快捷键执行该命令，不必打开菜单。例如，按快捷键Ctrl+G，可以执行"对象→编组"命令。如果命令右侧只有字母，而没有快捷键，则可通过按下Alt键+主菜单的字母，打开主菜单，再按下该命令的字母来执行这一命令。例如，按快捷键Alt+S+I，可以执行"选择→反向"命令，如图1-53所示。

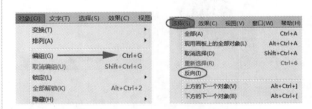

图 1-52　　　　　　　图 1-53

03 在面板上或选取的对象上单击鼠标右键可以显示快捷菜单，如图1-54和图1-55所示。菜单中显示的是与当前工具或操作有关的命令。

图 1-54　　　　　　　图 1-55

Point 在菜单中，命令名称右侧有"…"符号的，表示执行该命令时会弹出对话框。

1.2.6 实战：自定义工作区

编辑图稿时，如果经常使用某些面板，可以将它们的大小和位置存储为一个工作区。存储工作区后，即使移动或关闭了面板，也可以恢复。

01 将窗口中的面板摆放到一个顺手的位置，并将不需要的面板关闭，如图1-56所示。

图 1-56

02 执行"窗口→工作区→新建工作区"命令，打开"新建工作区"对话框，如图1-57所示，输入名称并单击"确定"按钮，即可存储该工作区。以后要使用该工作区时，可以在"窗口→工作区"子菜单中找到并选择即可，如图1-58所示。

图 1-57

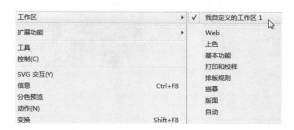

图 1-58

Point 如果要重命名或删除自定义的工作区，可以执行"窗口→工作区→管理工作区"命令，打开"管理工作区"对话框，选择一个工作区，它的名称会显示在对话框下面的文本框中，此时可以在文本框中修改名称。单击 按钮，可以新建一个工作区。单击 按钮，可以删除当前所选的工作区。如果要恢复为Illustrator默认的工作区，可以执行"窗口→工作区→基本功能"命令。

1.3 Illustrator基本操作

在Illustrator中，用户可以从一个全新的空白文件开始创作，也可以编辑现有的文件。在编辑图稿的过程中，如果出现了失误，或对创建的效果不满意，可以执行"编辑→还原"命令，或按快捷键Ctrl+Z，撤销最后一步操作。连续按快捷键Ctrl+Z，可以连续撤销操作。如果要恢复被撤销的操作，可以执行"编辑→重做"命令，或按快捷键Shift+Ctrl+Z。

1.3.1 实战：新建空白文件

01 执行"文件→新建"命令或按快捷键Ctrl+N，打开"新建文档"对话框，如图1-59所示。

02 设置文件的名称、大小和颜色模式等选项后，单击"确定"按钮，即可创建一个空白文档，如图1-60所示。

图 1-59

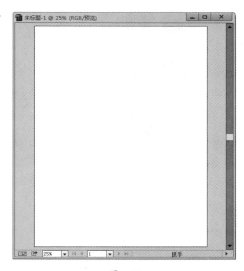

图 1-60

项目	说明
名称	可以输入文档的名称，也可以使用默认的文件名称，即"未标题–1"。创建文档后，名称会显示在文档窗口的标题栏中。保存文件时，文档名称会自动显示在相应的对话框内
配置文件/大小	在"配置文件"选项的下拉列表中包含了不同输出类型的文档配置文件，每一个配置文件都预先设置了大小、颜色模式、单位、方向、透明度和分辨率等参数。例如，如果要创建一个可以在iPad中使用的文档，可以选择"设备"选项，然后在"大小"下拉列表中选择iPad选项
画板数量/间距	可以指定文档中的画板数量。如果要创建多个画板，还可以指定它们在屏幕上的排列顺序，以及画板之间的默认间距。该选项组中包含多个按钮，其中，按行设置网格按钮🔲，可以在指定数目的行中排列多个画板；按列设置网格按钮🔲，可以在指定数目的列中排列多个画板；按行排列按钮➡️，可以将画板排列成一行；按列排列按钮⬇️，可以将画板排列成一列；更改为从右到左的版面按钮➡️，可以按指定的行或列排列多个画板，并按从右到左的顺序显示它们
宽度/高度/单位/取向	可以输入文档的宽度、高度和单位，从而创建自定义大小的文档。单击"取向"选项中的纵向按钮🔲或横向按钮🔲，可以设置文档的方向
出血	可以指定画板每一侧的出血尺寸。如果要对不同的侧面使用不同的值，可以单击锁定图标🔒，再输入相应数值
颜色模式	可以设置文档的颜色模式
栅格效果	可以为文档中的栅格效果指定分辨率。当准备以较高分辨率输出到高端打印机时，应将此选项设置为"高"
预览模式	可以为文档设置默认的预览模式。选择"默认值"选项，可以在矢量视图中以彩色形式显示在文档中创建的图稿，放大或缩小时将保持曲线的平滑度；选择"像素"选项，可以显示具有栅格化（像素化）外观的图稿，它不会实际对内容进行栅格化，而是模拟显示的预览效果；选择"叠印"选项，可以提供"油墨预览"，它模拟混合、透明和叠印在分色输出中的显示效果
使新建对象与像素网格对齐	在文档中创建图形时，可以让对象自动对齐到像素网格上
模板	单击该按钮，可以打开"从模板新建"对话框，从模板中创建文档

1.3.2 实战：打开现有文件

01 如果要打开光盘中的素材，可以执行"文件→打开"命令或按快捷键Ctrl+O，弹出"打开"对话框，如图1-61所示。

02 选择一个文件（可以使用光盘中的任意素材），单击"打开"按钮或按回车键，即可将其打开。如果文件较多，不便于查找，可以单击该对话框右下角的▼按钮，在下拉列表中选择一种文件格式，使该对话框只显示该格式的文件，如图1-62所示，然后再将其打开。

图 1-61

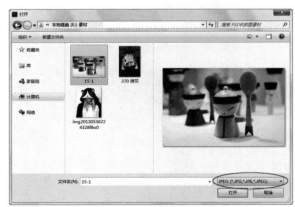

图 1-62

在Illustrator窗口中的灰色区域双击，可以弹出"打开"对话框。

1.3.3 实战：置入多个文件

01 按快捷键Ctrl+N，新建一个文档。执行"文件→置入"命令，打开"置入"对话框。

02 按住Ctrl键分别单击需要置入的文件，并将它们选中，如图1-63所示，单击"置入"按钮。光标旁边会出现图稿的缩览图，每单击一下鼠标，便会以原始尺寸置入一个图稿，如图1-64和图1-65所示。

03 如果要自定义图稿的大小，可以通过单击拖曳鼠标的方式来操作（置入的文件与原始图片的大小等比例），如图1-66所示。当同时置入多个文件时，如果要放弃某个图稿，可以按方向键（→、←、↑和↓）导航到该图稿，再按下Esc键。

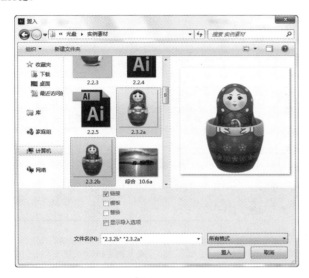

图 1-63

图 1-64

图 1-65

图 1-66

使用"文件→置入"命令置入图稿时，如果选中"置入"对话框中的"链接"选项，可以将图稿与文档建立链接关系。链接的图稿与文档各自独立，因而不会显著增加文档占用的存储空间。如果未选中该选项，则可以将图稿嵌入到文档中。

在 Illustrator 中置入文件后，可以使用"链接"面板来查看和管理所有的链接或嵌入的图稿。执行"窗口→链接"命令，打开"链接"面板。该面板中显示了图稿的缩览图，并用图标标注了图稿的状态，如图1-67所示。

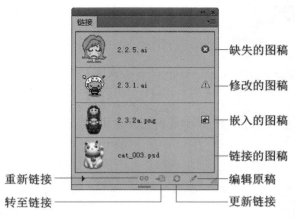

图 1-67

项目	说明
缺失的图稿 / 重新链接	如果图稿源文件的存储位置发生了改变、文件被删除或名称被修改，则"链接"面板中该图稿缩览图的右侧会显示 ⊗ 图标。在画板中将该图稿选中后，单击该面板中的"重新链接"按钮 ，可以在打开的对话框中重新链接图稿
嵌入的图稿	采用链接方式置入图稿后，选择图稿文件，执行面板菜单中的"嵌入图像"命令，可以将其转为嵌入的图稿，图稿缩览图右侧会显示 图标
修改的图稿 / 更新链接	如果链接图稿的源文件被其他程序修改，则在"链接"面板中，该图稿的缩览图右侧会出现 ⚠ 图标。如果要更新图稿，可以将其选中，然后单击"更新链接"按钮
显示链接信息	单击该按钮，可以显示链接文件的详细信息
转至链接	在"链接"面板中选中一个链接的图稿后，单击该按钮，所选图稿会出现在文档窗口的中央，并处于选中状态
编辑源稿	选择一个链接图稿后，单击该按钮，或执行"编辑→编辑原稿"命令，可以运行制作该文件的软件，并载入源文件。此时可以对文件进行修改，完成修改并保存后，链接到 Illustrator 中的文件会自动更新

1.3.4 实战：保存文件

新建文件或对现有的文件进行了编辑以后，需要及时保存处理结果，以免因死机或其他原因而造成文件丢失。

01 新建的文件可以通过下面的方法来保存。按快捷键 Ctrl+N，新建一个文档，执行"文件→存储"命令，在弹出的"存储为"对话框中为文件输入名称，并选择文件格式和保存位置，如图1-68所示，单击"保存"按钮可以保存文件。

 如果这是一个现有的文件，例如计算机中现有的文件，则在编辑它的过程中，可以随时执行"文件→存储"命令（快捷键为Ctrl+S），保存当前所做的修改，文件会以原有的格式存储。

02 按快捷键Ctrl+O，打开光盘中的素材，如图1-69所示。按快捷键Ctrl+A全选，执行"编辑→编辑颜色→反相颜色"命令，效果如图1-70所示。

03 执行"文件→存储为"命令，弹出"存储为"对话框，此时可以将当前文件保存为另外的名称和其他的格式，或者存储到其他位置，如图1-71所示。如果不想保存

对当前文件所做的修改，可以执行"文件→存为副本"命令，基于当前文件保存一个同样的副本，然后再将当前文件关闭。

图 1-68

图 1-69　　　　　图 1-70

图 1-71

Point 选择文件格式时，如果文件用于其他矢量软件，可以保存为AI或EPS格式，这两种格式能够保留Illustrator创建的所有图形元素。如果要在Photoshop中继续对文件进行处理，则可以执行"文件→导出"命令，将文件保存为PSD格式。

1.3.5 实战：使用缩放工具和抓手工具查看图稿

绘图或编辑对象时，需要经常放大或缩小视图，或者调整对象在窗口中的显示位置，以便更好地观察和处理对象的细节。

01 按快捷键Ctrl+O，打开光盘中的素材，如图1-72所示。选择"缩放工具"，将光标放在图像上，光标变为状时单击鼠标，可以整体放大对象的显示比例，如图1-73所示。

图 1-72

图 1-73

02 如果想要查看一定范围内的对象，可以单击拖曳鼠标，拖出一个选框，如图1-74所示，释放鼠标按键后，可以将选框内的对象放大至整个窗口，如图1-75所示。

图 1-74

图 1-75

03 在编辑图稿的过程中，如果图稿较大或窗口的显示比例被放大而不能完全显示图稿，可以使用"抓手工具"来移动画面，以便查看对象的不同区域。选择"抓手工具"后，在窗口中单击拖曳鼠标即可移动画面，如图1-76所示。

04 如果要缩小窗口的显示比例，可以选择"缩放工具"，按住Alt键（光标变为状）单击鼠标，如图1-77所示。

图 1-76

图 1-77

 按快捷键Ctrl++，可以放大窗口的显示比例；放大窗口后，可以按住空格键并拖曳鼠标移动画面（使用绝大多数工具时，按住空格键都可以切换为"抓手工具" ）；按快捷键Ctrl+－，可以缩小窗口的显示比例。

1.3.6 实战：使用导航器面板查看图稿

当窗口的显示比例较高，而不能显示完整的图稿时，可以使用"导航器"面板调整窗口的显示比例，快速定位画面的显示中心。

01 按快捷键Ctrl+O，打开光盘中的素材，如图1-78所示。执行"窗口→导航器"命令，打开"导航器"面板，如图1-79所示。

图 1-78

图 1-79

02 拖曳面板底部的 滑块，可以自由调整窗口的显示比例，如图1-80和图1-81所示。单击"放大"按钮 或"缩小"按钮 ，则可以按照预设的倍率放大或缩小窗口。如果要按照精确的比例缩放窗口，可以在面板左下角的文本框内输入数值并按回车键。

图 1-80 图 1-81

03 在"导航器"面板中，红色的矩形框代表了文档窗口中正在显示的区域。在对象的缩览图上单击，可以将单击点定位为文档窗口的显示中心，如图1-82和图1-83所示。

图 1-82 图 1-83

1.3.7 实战：切换轮廓模式和预览模式

Illustrator中的对象有两种显示方式，即轮廓模式和预览模式。在默认情况下，对象显示为预览模式，此时可以查看其实际效果，包括颜色、渐变、图案和样式等。编辑复杂的图形时，在预览模式下操作，屏幕的刷新速度会变慢，选择对象和锚点时也会变得更加困难。此时可以切换为轮廓模式，即只显示对象的轮廓框，以方便操作。

01 按快捷键Ctrl+O，打开光盘中的矢量素材。在默认状态下，图稿以预览模式显示，如图1-84所示。执行"视图→轮廓"命令或按快捷键Ctrl+Y，可以切换为轮廓模式，如图1-85所示。

图1-84　　　　　　　　图1-85

02 执行"视图→预览"命令或按快捷键Ctrl+Y，重新切换为预览模式。

03 当执行"视图→轮廓"命令时，文档中所有的对象都显示为轮廓模式，而实际操作中可能只需要切换某些对象的显示模式，在这种情况下，可以通过"图层"面板进行切换。打开"图层"面板，按住Ctrl键并单击"小狗"图层前的眼睛图标 👁，可以只将该图层中的对象切换为轮廓模式（眼睛图标会变为 ◎ 状），如图1-86和图1-87所示。需要重新切换为预览模式时，按住Ctrl键并单击 ◎ 状图标即可。

图1-86　　　　　　　　图1-87

1.3.8 实战：存储视图状态

在绘图的过程中，如果需要经常缩放某些特定的视图区域以查看和编辑对象，可以先将该视图状态存储，此后操作时可随时调用该视图状态，以快速缩放视图。

01 按快捷键Ctrl+O，打开光盘中的素材，如图1-88所示。使用"缩放"工具 🔍 和"抓手"工具 ✋ 调整好视图的显示状态，如图1-89所示。

图1-88　　　　　　　　图1-89

02 执行"视图→新建视图"命令，打开"新建视图"对话框，输入视图的名称，如图1-90所示，单击"确定"按钮，将当前的视图状态保存。

03 新建的视图会随文件一同保存。需要调用该状态时，只需在"视图"菜单底部单击该视图的名称即可，如图1-91所示。如果要重命名视图或删除自定义的视图，可以通过"视图→编辑视图"命令来进行操作。

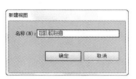

图1-90　　　　　　　　图1-91

1.3.9 实战：选择和移动对象

01 在编辑对象前，首先要将其选中。按快捷键Ctrl+O，打开光盘中的素材。使用"选择工具" ▶ 单击一个图形，即可将其选中，选中的对象周围会出现定界框，如图1-92所示。如果要选择多个对象，可以单击拖曳出一个矩形选框，将它们框住，如图1-93所示，也可按住Shift键并分别单击这些对象。如果要取消选中其中某些对象，可以按住Shift键并分别单击它们。

图1-92　　　　　　　　图1-93

02 在对象上单击拖曳，即可移动对象，如图1-94所示。如果按住Alt键并拖曳鼠标，则可以复制出新的对象，如图1-95所示。按Delete键，可以删除所选对象。在画面的空白处单击鼠标，可以取消选择。

图1-94　　　　　　　　图1-95

Point 使用"魔棒工具" 🪄 在一个图形上单击，可以同时选中文档中具有相同填充内容、描边颜色、不透明度或混合模式等属性的所有对象。

1.3.10 实战：在不同的文档间移动对象

01 按快捷键Ctrl+O，弹出"打开"对话框，按住Ctrl键并单击光盘中的两个素材，如图1-96所示，按回车键，将它们打开。此时会创建两个文档窗口，如图1-97所示。

图 1-96

图 1-97

02 使用"选择工具" ▶ 单击对象，如图1-98所示，按住鼠标按键，将光标移动到另一个文档窗口的标题栏上，如图1-99所示。

图 1-98

图 1-99

03 停留片刻，切换到该文档，如图1-100所示，将光标移动到画面中，再释放鼠标按键，即可将对象拖入该文档，如图1-101所示。

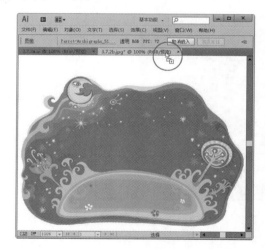

图 1-100

图 1-101

1.3.11 实战：存储所选对象

编辑复杂的图稿时，如果需要经常选择某些对象或某些锚点，可以使用"存储所选对象"命令，将这些对象或锚点的选择状态保存。以后需要选择它们时，只需执行相应的命令即可直接将其选中。

01 打开光盘中的素材，如图1-102所示。使用"选择工具" 单击长颈鹿，将其选中，如图1-103所示。

图 1-102

图 1-103

02 执行"选择→存储所选对象"命令，打开"存储所选对象"对话框，输入一个名称，如图1-104所示，单击"确定"按钮，将对象的选择状态保存。使用"直接选择工具" 单击拖曳出一个选框，选中如图1-105所示的锚点。再次打开"存储所选对象"对话框，将锚点的选择状态也保存起来，如图1-106所示。

图 1-104　　　　　　　图 1-105

图 1-106

03 在空白区域单击，取消选择状态。打开"选择"菜单，如图1-107所示，可以看到前面创建的两个选取状态保存在菜单的底部，选择它们，即可调出长颈鹿及锚点的选择状态，如图1-108和图1-109所示。

图 1-107

图 1-108

图 1-109

1.3.12 实战：用图层面板选择对象

编辑复杂的图稿时，小图形经常会被大图形遮盖，此时要想选择被遮盖的对象比较困难。遇到这种情况时，可以通过"图层"面板来选择对象。

01 按快捷键Ctrl+O，打开光盘中的素材。单击"图层"面板中的 ▶ 按钮，展开图层列表，如图1-110所示。

图 1-110

02 如果要选中一个对象，可以在它的选择列中（即 ◯ 状图标处）单击。选中后，◯ 图标会变为 ◉ 状态（图标的颜色取决于"图层选项"对话框中所设置的图层颜色），如图1-111所示。按住 Shift 键并单击其他选择列，可以增加选中其他对象，如图1-112所示。

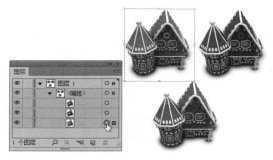

图 1-111

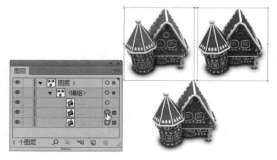

图 1-112

03 如果要选中一个组中的所有对象，可以在组的选择列中单击，如图1-113所示。在图层的选择列中单击鼠标，可以选择图层中的所有对象，如图1-114所示。

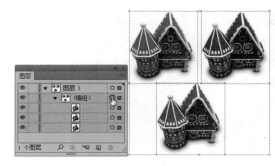

图 1-113

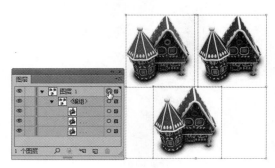

图 1-114

Point 选中一个或多个对象后，执行"选择→反向"命令，可以取消原有对象的选中状态，而选中所有未被选中的对象。执行"选择→全部"命令，可以选中文档中所有画板上的全部对象。选中对象后，执行"选择→取消选择"命令，或在画板的空白处单击，可以取消选中状态。取消选择以后，如果要恢复上一次的选择状态，可以执行"选择→重新选择"命令。

1.3.13 实战：用图层面板调整堆叠顺序

在 Illustrator 中绘图时，对象的堆叠顺序与"图层"面板中图层的堆叠顺序是一致的，因此，通过"图层"面板也可以调整对象的堆叠顺序。这种方法特别适合编辑复杂的图稿。

01 按快捷键Ctrl+O，打开光盘中的素材，如图1-115所示。打开"图层"面板，如图1-116所示。该面板中显示了对象的堆叠结构，它与画板中对象的堆叠顺序一致。

图 1-115

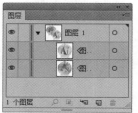

图 1-116

02 将光标放在图层上方，单击并向上或向下拖曳，即可调整图形的堆叠顺序，如图1-117~图1-119所示。

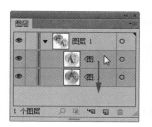
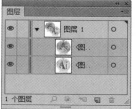

图 1-117 　　　　　　　　　　　 图 1-118

图 1-119

1.3.14 实战：新建、复制和删除图层

01 打开光盘中的素材。单击一个图层，即可选中该图层，如图1-120所示，所选图层称为"当前图层"。单击该面板中的"创建新图层"按钮 🔲 ，可以在当前图层的上方新建一个图层，如图1-121所示。单击"创建新子图层"按钮 🔁 ，则可在当前图层中创建一个子图层，如图1-122所示。

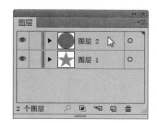
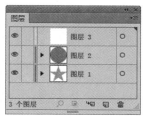

图 1-120 　　　　　　　　　　　 图 1-121

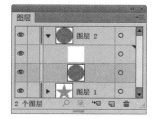

图 1-122

　　如果要同时选中多个图层，可以按住Ctrl键并分别单击它们。如果要同时选中多个相邻的图层，可以按住Shift键并单击最上面和最下面的图层。

02 将一个图层、子图层或组拖至该面板底部的"创建新图层"按钮 🔲 上，可以复制它，如图1-123和图1-124所示。

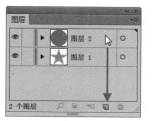

图 1-123 　　　　　　　　　　　 图 1-124

03 如果将其拖曳到"删除图层"按钮 🗑 上，则可删除它，如图1-125所示。此外，单击一个图层后，单击 🗑 按钮，也可将其删除。删除图层时，会同时删除图层中包含的所有对象，如图1-126所示；删除图层中的对象时，则不会影响图层及其他子图层。

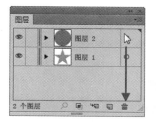

图 1-125 　　　　　　　　　　　 图 1-126

1.3.15 实战：显示、隐藏与锁定

　　在 Illustrator 中绘图时，每绘制一个图形，"图层"面板中就会生成一个子图层，用于保存该图形，通过"图层"面板可以隐藏或显示图形，也可以锁定对象，将其保护起来。被锁定的对象不能被选中和修改，但它们是可见的，也能被打印出来。

01 按快捷键Ctrl+O，打开光盘中的素材。在"图层"面板中，图层前面有眼睛图标 👁 的，表示该图层中的对象在画板中为显示状态，如图1-127所示。

02 单击一个对象前面的眼睛图标 👁 ，可以隐藏该对象，如图1-128所示。单击图层前面的眼睛图标 👁 则可隐藏图层中的所有对象，如图1-129所示。如果要重新显示图层或图层中的对象，可以在原眼睛图标处单击。

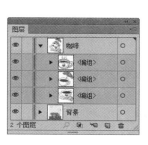

图 1-127

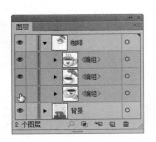

图 1-128

图 1-132　　　　　　　　　　图 1-133

02 执行"对象→编组"命令或按快捷键Ctrl+G，将它们编为一组，如图1-134所示。在Illustrator中，组可以是嵌套结构的，也就是说，创建一个组后，还可以将其与其他对象再次编组或编入其他组中，形成结构更为复杂的组（即嵌套组）。如图1-135所示为同时选取组和下方的易拉罐，再次编组后的效果。

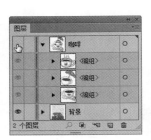

图 1-129

图 1-134　　　　　　　　　　图 1-135

03 如果要锁定一个对象，可单击其眼睛图标右侧的方块，此时该方块中会显示一个 🔒 图标，如图1-130所示。如果要锁定一个图层，可单击该图层眼睛图标右侧的方块。当锁定父图层时，可同时锁定其中的组和子图层，如图1-131所示。如果要解除锁定，可以单击 🔒 图标。

03 编组后，使用"选择工具" 单击组中的任意一个对象时，都可以选择整个组。在进行变换操作时，组内的对象会同时变换，例如，如图1-136所示为缩放该组时的效果。

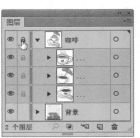

图 1-130　　　　　　　　图 1-131

 Point　选中一个或多个对象后，执行"对象→隐藏"命令，可以隐藏所选对象。执行"对象→显示全部"命令，可以将所有被隐藏的对象显示出来。

1.3.16 实战：编组

在 Illustrator 中，一个复杂的对象往往由许多图形组成，为了便于选择和管理，可以将它们编为一组，在进行移动、旋转和缩放等操作时，它们会一同变化。

01 打开光盘中的素材，使用"选择工具" 并按住Shift键分别单击两个易拉罐图形，将它们选中，如图1-132和图1-133所示。

图 1-136

04 使用"编组选择工具" 单击组中的一个对象，可以选中该对象，如图1-137所示。再次单击鼠标，可以选中对象所在的组。如果该组是由多个组嵌套而成的，则每多单击一次鼠标，便可多选中一个组。

图 1-137

图 1-139

05 如果要取消编组，可以选中组对象，然后执行"对象 →取消编组"命令，或按快捷键Shift+Ctrl+G。对于嵌套结构的组，需要多次执行该命令才能取消所有组的编组状态。

1.3.17 实战：隔离模式

隔离模式可以隔离对象，以便用户轻松选择和编辑特定对象或对象的某些部分。在隔离模式下编辑图稿，既不会受其他对象的干扰，同时也不会影响其他对象。

01 打开光盘中的素材，如图1-138所示。使用"选择工具" 双击小狗图形，即可进入隔离模式，此时当前对象（称为"隔离对象"）以全色显示，其他对象的颜色会变淡，并且"图层"面板中只显示处于隔离状态中对象，如图1-139所示。

02 此时，可以轻松选取小狗中的各个图形来进行编辑，如图1-140所示。如果双击图稿，则可以继续隔离对象，如图1-141所示。隔离模式会自动锁定其他对象，因此当前所做的编辑只影响处于隔离模式的对象。

03 如果要退出隔离模式，可以单击文档窗口左上角的 按钮，或在画板的空白处双击。

图 1-140

图 1-138

图 1-141

1.3.18 实战：参考线

参考线是一种无法输出的辅助绘图工具，可以帮助用户对齐文本和图形对象。

01 按快捷键Ctrl+O，打开光盘中的素材，如图1-142所示。按快捷键Ctrl+R显示标尺，如图1-143所示。

图 1-142

图 1-143

02 将光标放在水平标尺上，单击鼠标并向下拖曳，可以拖曳出水平参考线，如图1-144所示。在垂直标尺上可以拖曳出垂直参考线，如图1-145所示。

图 1-144

图 1-145

Point 如果按住 Shift 键并从标尺上拖出参考线，则可以使参考线与标尺上的刻度对齐。

03 单击拖曳参考线，可以将其移动，如图1-146所示。如果不想移动参考线，可以执行"视图→参考线→锁定参考线"命令，将其锁定。再次执行该命令，可以解除锁定。如果想要删除一条参考线，可以单击它，将其选中，然后按Delete键，如图1-147所示。如果想要删除所有参考线，则可执行"视图→参考线→清除参考线"命令。

图 1-146

图 1-147

1.3.19 实战：智能参考线

智能参考线是一种特殊的参考线，它只在需要时自动出现，可以帮助用户相对于其他对象创建、对齐、编辑和变换当前对象。

01 按快捷键Ctrl+O，打开光盘中的素材，如图1-148所示。执行"视图→智能参考线"命令，启用智能参考线。

图 1-148

02 使用"选择工具" 单击拖曳对象时，即可出现智能参考线，此时可以使光标对齐到参考线或现有的路径上，如图1-149所示。

图 1-149

03 将光标放在定界框外，单击拖曳鼠标旋转对象，此时可以显示旋转角度，如图1-150所示。拖曳定界框上的控制点缩放对象时，则可以显示图形的长度和宽度值，如图1-151所示。如果要隐藏智能参考线，可以执行"视图→智能参考线"命令。

图 1-150

图 1-151

1.3.20 实战：标尺

标尺可以帮助用户在窗口中精确放置或度量对象。

01 按快捷键Ctrl+O，打开光盘中的素材，如图1-152所示。执行"视图→显示标尺"命令或按快捷键Ctrl+R，在窗口顶部和左侧会出现标尺，如图1-153所示。

图 1-152   图 1-153

Point 显示标尺后，移动光标时，标尺内的标记会显示光标的精确位置。

02 在每个标尺上，显示为 0 的位置是标尺的原点。将光标放在窗口的左上角，单击拖曳鼠标，画面中会显示出十字线，如图1-154所示，释放鼠标后，该处便成为原点的新位置，如图1-155所示。

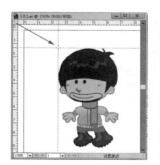

图 1-154   图 1-155

03 如果要将原点恢复到默认的位置，可以在窗口左上角（水平标尺与垂直标尺交界处的空白位置）双击鼠标，如图1-156所示。在标尺上单击鼠标右键，可以打开一

个快捷菜单，在其中可以选择标尺的度量单位，如图1-157所示。如果要隐藏标尺，可以执行"视图→隐藏标尺"命令或按快捷键Ctrl+R。

图 1-156　　　　　　　图 1-157

1.4 设置填色和描边

填色是指在路径或矢量图形内部填充颜色、渐变或图案；描边是指将路径设置为可见的轮廓。描边可以具有宽度（粗细）、颜色和虚线样式，也可以使用画笔为描边进行风格化上色。创建路径或矢量图形后，可以随时添加和修改填色和描边属性。Illustrator提供了"拾色器"、"色板"面板、"颜色"面板、"颜色参考"面板等，使用它们可以设置填色和描边颜色。

1.4.1 实战：用工具箱设置填色和描边

01 按快捷键Ctrl+O，打开光盘中的素材。使用"选择工具" 单击图形，将其选择，如图1-158所示。所选对象的填色和描边属性会出现在工具箱的底部，如图1-159所示。

图 1-158　　　　　　　图 1-159

02 如果要为对象填色（或修改填色），可以单击填色图标，将其设置为当前编辑状态，如图1-160所示，然后再通过"颜色"、"色板"、"颜色参考"和"渐变"等面板设置填色内容，如图1-161和图1-162所示。

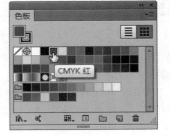

图 1-160　　　　　　　图 1-161

图 1-162

03 如果要添加（或修改）描边，可以单击描边图标，将描边设置为当前编辑状态，如图1-163所示，再通过"颜色"、"色板"、"颜色参考"、"描边"和"画笔"等面板设置描边内容，如图1-164和图1-165所示。

图 1-163　　　　　　　图 1-164

图 1-165

Point 单击工具箱或"颜色"面板中的"互换填色和描边"按钮 ，可以互换填色和描边内容。单击"默认填色和描边"按钮 ，可以将填色和描边设置为默认的颜色（黑色描边、填充白色）。单击"无"按钮 ，可以删除填色或描边。

1.4.2 实战：用控制面板设置填色和描边

01 打开光盘中的素材。使用“选择工具”单击图形，将其选择，如图1-166所示。

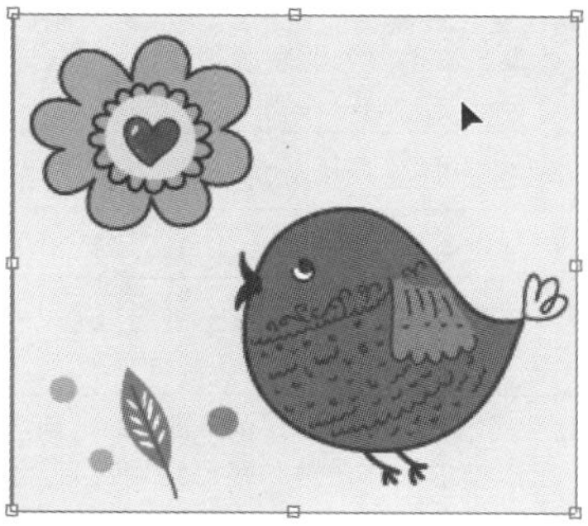

图 1-166

02 如果要进行填色，可以单击工具选项栏中填色选项右侧的▼按钮，打开下拉面板选择相应的填充内容，如图1-167所示。

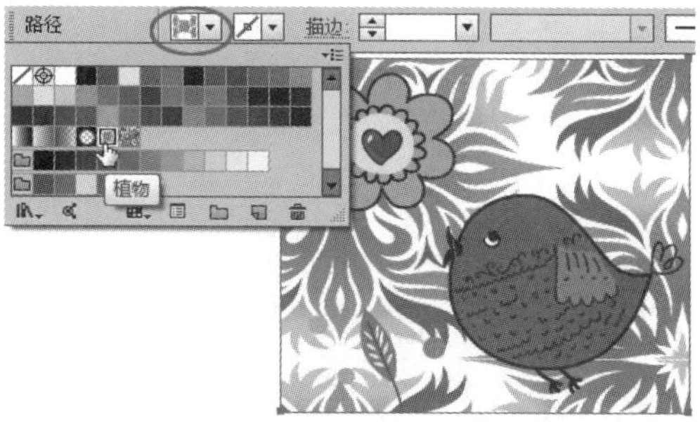

图 1-167

03 如果要设置描边，可以单击描边选项右侧的▼按钮，打开下拉面板选择描边内容，如图1-168所示。

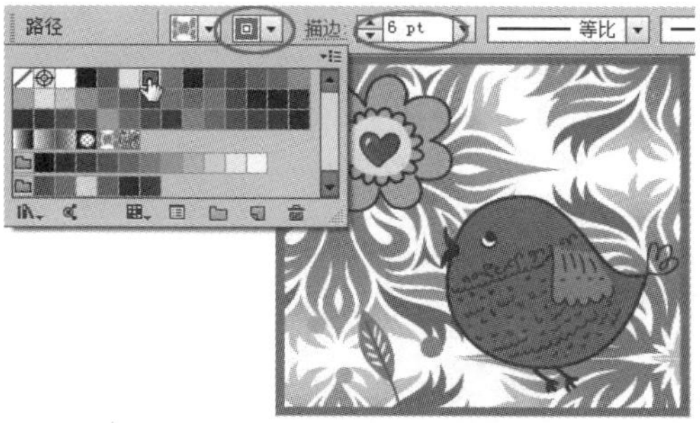

图 1-168

Point 在绘图时，可以按下X键将填色或描边设置为当前编辑状态。

1.4.3 实战：描边面板

01 打开光盘中的素材，如图1-169所示。在“图层”面板中单击“图层1”，如图1-170所示。

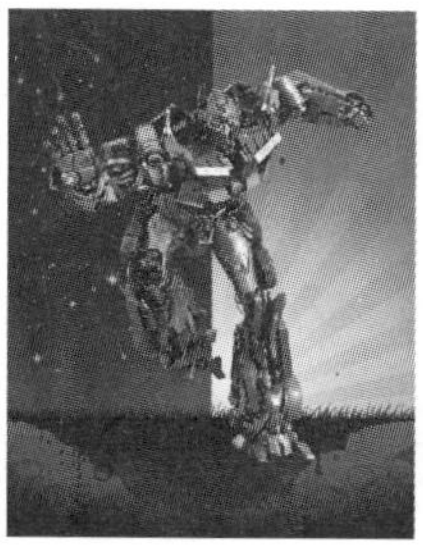

图 1-169

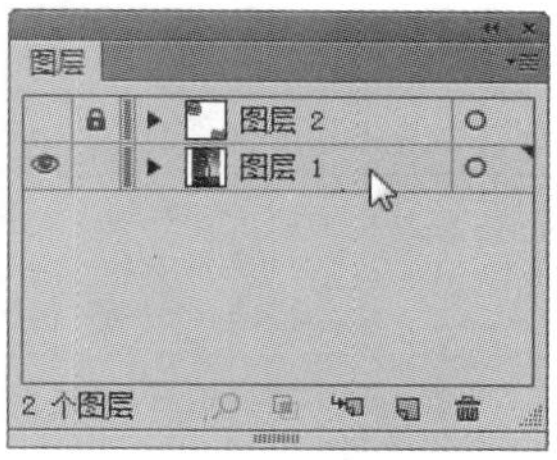

图 1-170

02 使用“矩形工具”创建一个与图像素材大小相同的矩形，无填色，设置描边颜色为白色，如图1-171所示。在“描边”面板中设置“粗细”为14pt，单击“圆头端点”按钮，选中“虚线”选项，并设置参数如图1-172所示，此时可以生成邮票齿孔效果。

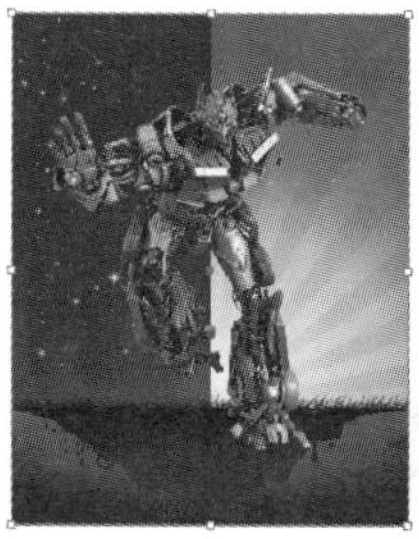

图 1-171

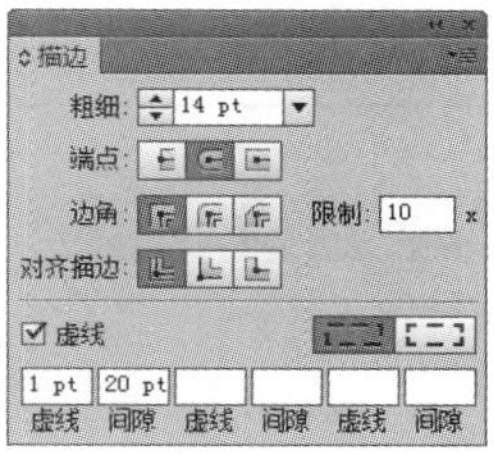

图 1-172

03 在“图层”面板的“图层2”前面单击鼠标，显示眼睛图标，如图1-173所示，将该图层中的邮戳显示出来。最终的效果如图1-174所示。

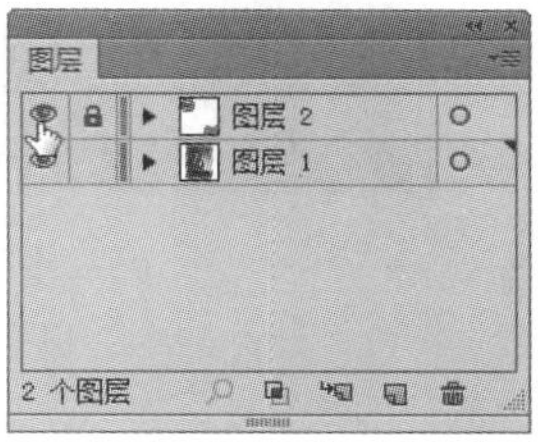

图 1-173

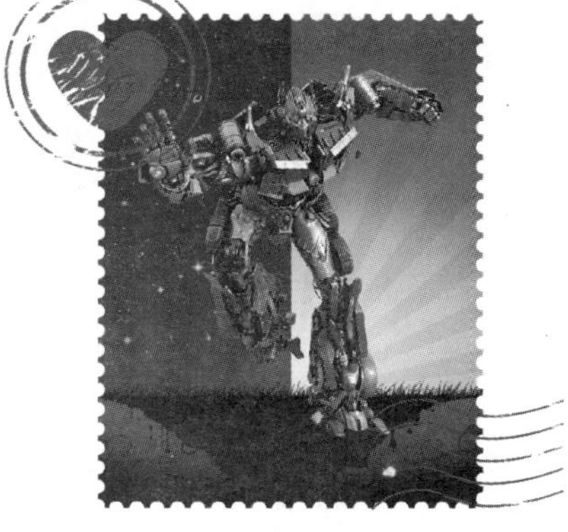

图 1-174

"描边"面板的选项使用方法如下。

项目	说明
粗细	用来设置描边线条的宽度，该值越高，描边越粗
端点	可以设置开放式路径两个端点的形状。单击"平头端点"按钮 ，路径会在终端锚点处结束，如果要准确对齐路径，该选项非常有用；单击"圆头端点"按钮 ，路径末端呈半圆形圆滑效果；单击"方头端点"按钮 ，可以向外延长到描边"粗细"值一半的距离来结束描边
边角	用来设置直线路径中边角处的连接方式，包括斜接连接 、圆角连接 和斜角连接
限制	用来设置斜角的大小，范围为1~500
对齐描边	如果对象是闭合的路径，可以单击相应的按钮来设置描边与路径的对齐方式，包括使描边居中对齐 、使描边内侧对齐 、使描边外侧对齐
虚线	勾选"虚线"选项后，在"虚线"文本框中设置虚线线段的长度，在"间隙"文本框中设置线段的间距，即可用虚线描边路径。单击 按钮，可以保留虚线和间隙的精确长度；单击 按钮，可以使虚线与边角和路径终端对齐，并调整到适合的长度
箭头	可以为路径的起点和终点添加箭头
缩放	可以调整箭头的缩放比例
对齐	单击 按钮，箭头会超过路径的末端；单击 按钮，可以将箭头放置于路径的终点

1.4.4 实战：拾色器

01 双击工具箱或"颜色"面板中的填色或描边图标，如图1-175所示，可以打开"拾色器"对话框，如图1-176所示。拖曳色谱滑块可以调整颜色范围，如图1-177所示。

图 1-175　　　　　　　　　　图 1-176　　　　　　　　　　　　图 1-177

02 如果要修改颜色的饱和度，可以选中S（饱和度）单选按钮，然后拖曳色谱滑块进行调整，如图1-178所示。如果要修改颜色的明度，可以选中B（亮度）单选按钮，再拖曳色谱滑块进行调整，如图1-179所示。

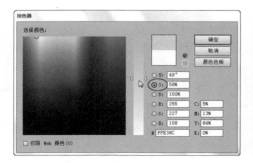

图 1-178　　　　　　　　　　　　　　　图 1-179

在各个颜色模型的文本框中输入颜色值，可以精确定义颜色。在"#"文本框中，还可以输入十六进制值来定义颜色，例如，000000为黑色，ffffff为白色，ff0000为红色。

03 单击"颜色色板"按钮，可以查看颜色色板，如图1-180所示。此时可以拖曳色谱滑块来调整颜色范围，然后在"颜色色板"列表内选择需要的颜色，如图1-181所示。如果要将该对话框切换回色谱显示方式，可以单击"颜色模型"按钮。

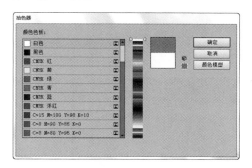

图 1-180

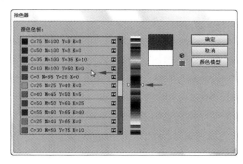

图 1-181

04 在"拾色器"对话框右上角有两个颜色块，上面的颜色块中显示的是当前设置的颜色，下面的颜色块中显示的是调整前的颜色，如图1-182所示。调整完颜色后，单击"确定"按钮关闭对话框，即可修改颜色，如图1-183所示。如果要放弃修改，可以单击下方的颜色块，或单击"取消"按钮。

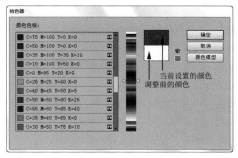

图 1-182　　　　　　　图 1-183

1.4.5 实战：色板面板

"色板"面板中包含了Illustrator预置的颜色（称为"色板"）、渐变和图案。该面板还可以保存用户自定义的颜色、渐变和图案。

01 打开光盘中的素材，如图1-184所示。使用"选择工具"  选择对象，如图1-185所示。

图 1-184　　　　　　　图 1-185

02 单击"色板"面板中的一个色板，即可将其应用到所选对象的填色（或描边）中，如图1-186和图1-187所示。

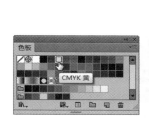

图 1-186　　　　　　　图 1-187

03 使用"选择工具"  选择另一个对象，如图1-188所示。单击"色板"面板底部的 按钮，弹出"新建色板"对话框，输入色板的名称，如图1-189所示，单击"确定"按钮，即可将所选对象的填色保存到"色板"面板中，如图1-190所示。

图 1-188　　　　　　　图 1-189

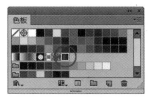

图 1-190

04 为了方便用户操作，Illustrator还提供了大量的色板库、渐变库和图案库。单击"色板"面板底部的色板库菜单按钮 ，在打开的面板菜单中选择一个色板库，如图1-191所示，其就会出现在一个新的色板库面板中，如图1-192所示。单击该面板底部的◀或▶按钮，可以切换到相邻的色板库，如图1-193所示。

 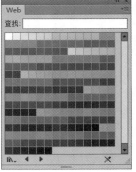

图 1-191　　　　　　　图 1-192

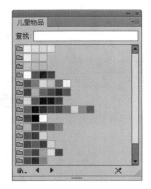

图 1-193

1.4.6 实战：颜色面板

01 执行"窗口→颜色"命令，打开"颜色"面板，如图1-194所示。单击该面板右上角的按钮，打开面板菜单，选择CMYK（C）颜色模式选项，如图1-195所示。

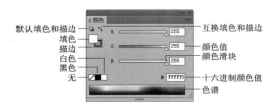

图 1-194

图 1-195

Point 当前选择的颜色模式仅是改变了颜色的调整方式，不会改变文档的颜色模式。如果要改变文档的颜色模式，可以使用"文件→文档颜色模式"子菜单中的命令来进行操作。

02 "颜色"面板采用类似于美术调色的方式来混合颜色。如果要编辑描边颜色，可以单击"描边"按钮，并在C、M、Y和K文本框中输入数值，也可拖曳颜色滑块进行调整，如图1-196所示。如果要编辑填充颜色，则可以单击"填色"图标，并进行调整，如图1-197所示。

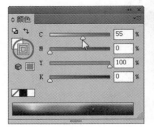 

图 1-196　　　　　　　图 1-197

03 按住Shift键并拖曳颜色滑块，可以同时移动与之关联的其他滑块（HSB 滑块除外），通过这种方式可以调整颜色的明度，从而得到更深的颜色，如图1-198所示，或更浅的颜色，如图1-199所示。

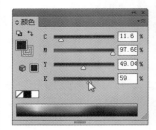 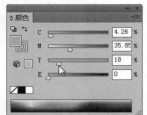

图 1-198　　　　　　　图 1-199

04 当光标位于色谱上方时会变为"吸管工具"，此时单击拖曳鼠标，可以拾取色谱中的颜色，如图1-200所示。如果要删除填色或描边颜色，可以单击"无"图标，如图1-201所示。如果要选择白色或黑色，可以单击色谱左上角的白色和黑色色板。单击按钮可以互换填色和描边颜色，单击按钮，可以恢复为默认的填色和描边。

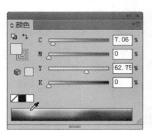 

图 1-200　　　　　　　图 1-201

1.5 基本绘图方法

矢量图形是由称作"矢量"的数学对象定义的直线和曲线构成的，其基本组成元素是锚点和路径。了解锚点和路径的特点对于学习绘图和编辑图形都非常重要。

1.5.1 认识路径和锚点

路径和锚点是组成矢量图形的基本元素。路径由一条或多条直线或曲线路径段组成，它可以是闭合的，如图 1-202 所示；也可以是开放的，如图 1-203 所示。锚点用于连接路径段。曲线上的锚点包含方向线和方向点，如图 1-204 所示。

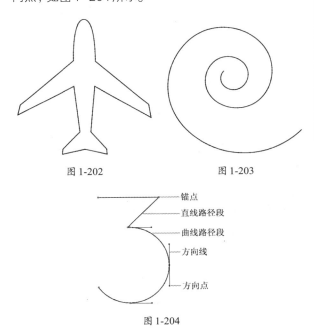

图 1-202　　　　　图 1-203

锚点 ———
直线路径段 ———
曲线路径段 ———
方向线 ———
方向点 ———

图 1-204

锚点分为两种，一种是平滑点，另外一种是角点。平滑的曲线由平滑点连接而成，如图 1-205 所示；转角曲线和直线由角点连接而成，如图 1-206 和图 1-207 所示。

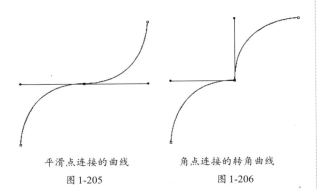

平滑点连接的曲线　　　　角点连接的转角曲线
图 1-205　　　　　图 1-206

角点连接的直线
图 1-207

选择曲线上的锚点时，会显示方向线和方向点，如图 1-208 所示。拖曳方向点可以调整方向线的方向和长度，进而改变曲线的形状，如图 1-209 所示。方向线的长度决定了曲线的弧度，当方向线较短时，曲线的弧度较小，如图 1-210 所示；当方向线越长时，曲线的弧度较大，如图 1-211 所示。

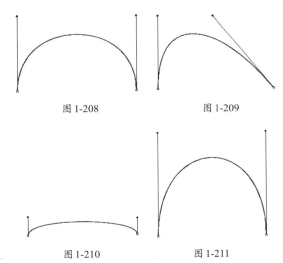

图 1-208　　　　　图 1-209

图 1-210　　　　　图 1-211

使用"直接选择工具" 调整平滑点中的一条方向线时，可以同时调整该点两侧的路径段，如图 1-212 和图 1-213 所示。使用"转换锚点工具" 操作时，只调整与该方向线同侧的路径段，如图 1-214 所示。

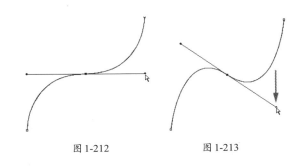

图 1-212　　　　　图 1-213

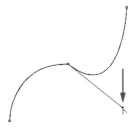

图 1-214

平滑点始终有两条方向线，而角点可以有两条、一条或者没有方向线，具体取决于它分别连接两条、一条还是没有连接曲线段。角点的方向线无论是用"直接选择工具" 还是用"转换锚点工具" 调整，都只影响与该方向线同侧的路径段，如图1-215~图1-217所示。

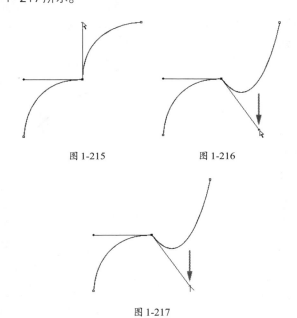

图 1-215　　　　　图 1-216

图 1-217

1.5.2 实战：绘制直线路径

01 选择"钢笔工具" ，在画板上单击鼠标（不要拖曳鼠标）创建锚点，如图1-218所示。在另一处位置单击鼠标即可创建直线路径，如图1-219所示。按住Shift键单击可以将直线的角度限制为45°的倍数。继续在其他位置单击，可以继续绘制直线，如图1-220所示。

图 1-218　　　　　图 1-219

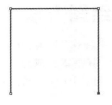

图 1-220

02 如果要结束开放式路径的绘制，可按住Ctrl键（切换为"选择工具" ）在远离对象的位置单击，也可以选择工具箱中的其他工具。如果要闭合路径，可以将光标放在第一个锚点上（光标会变为 状），如图1-221所示，单击鼠标即可，如图1-222所示。

图 1-221　　　　　图 1-222

Point 使用"钢笔工具" 单击鼠标创建锚点时（保持鼠标按键为按下状态），按住键盘中的空格键并拖曳鼠标，可以重新定位锚点的位置。

1.5.3 实战：绘制曲线路径

01 使用"钢笔工具" 单击拖曳鼠标创建平滑点，如图1-223所示。

图 1-223

02 在另一处单击拖曳鼠标即可创建曲线。如果向前一条方向线的相反方向拖曳鼠标，可以创建C形曲线，如图1-224所示；如果按照与前一条方向线相同的方向拖曳鼠标，可以创建S形曲线，如图1-225所示。绘制曲线时，锚点越少，曲线越平滑。

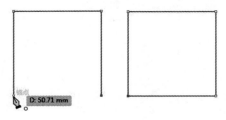

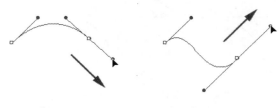

图 1-224　　　　　图 1-225

03 继续在不同的位置单击拖曳鼠标，创建一系列平滑的曲线。

1.5.4 实战：绘制转角曲线

转角曲线是与上一段曲线发生转折的曲线。绘制这样的曲线时，需要在创建新的锚点前改变方向线的方向。

01 用"钢笔工具"绘制一段曲线。将光标放在方向点上方，如图1-226所示，单击并按住 Alt 键向相反方向拖曳，如图1-227所示。这样的操作是通过拆分方向线的方式将平滑点转换成角点，此时方向线的长度决定了下一条曲线的斜度。

图 1-226　　　　　　　图 1-227

02 释放Alt键和鼠标按键，在其他位置单击拖曳鼠标创建一个新的平滑点，即可绘制出转角曲线，如图1-228所示。

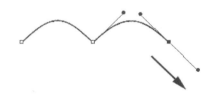

图 1-228

1.5.5 实战：在曲线后面绘直线

01 用"钢笔工具"绘制一段曲线路径。将光标放在最后一个锚点上方（光标会变为状），如图1-229所示，单击鼠标将该平滑点转换为角点，如图1-230所示。

图 1-229　　　　　　　图 1-230

02 在其他位置单击（不要拖曳鼠标），即可在曲线后面绘制直线，如图1-231所示。

图 1-231

1.5.6 实战：在直线后面绘制曲线

01 用"钢笔工具"绘制一段直线路径，如图1-232所示。

02 将光标放在其他位置，单击拖曳鼠标可以绘制曲线，如图1-233所示。

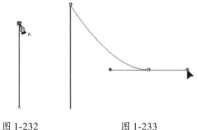

图 1-232　　　　　　　图 1-233

Point 使用"钢笔工具"时，按住Ctrl键（切换为"直接选择工具"）单击锚点可以选择锚点；按住Ctrl键单击拖曳锚点可以移动其位置。绘制直线时，可以按住Shift键创建水平、垂直或以45°角为增量的直线。选择一条开放式路径，使用"钢笔工具"在它的两个端点单击，可以封闭路径。如果要结束开放式路径的绘制，可以按住Ctrl键（切换为"直接选择工具"）在远离对象的位置上单击。使用"钢笔工具"在画板上单击后，按住鼠标按键不放，然后按住键盘中的空格键并同时拖曳鼠标，可以重新定位锚点的位置。

1.5.7 实战：选择与移动锚点

01 打开光盘中的素材。使用"直接选择工具"，将光标放在路径上，检测到锚点时会显示出一个较大的方块，且光标变为状，如图1-234所示，此时单击鼠标即可选择该锚点，选中的锚点显示为实心方块，未选中的锚点显示为空心方块，如图1-235所示。

图 1-234　　　　　　　图 1-235

02 按住Shift键并单击其他锚点，可以选择多个锚点，如图1-236所示。按住Shift键并单击被选中的锚点，则会取消对该锚点的选择。在锚点上单击鼠标将其选中后，按住鼠标按键不放并进行拖曳，可以移动锚点，如图1-237所示。

图 1-236　　　　　　图 1-237

03 使用"直接选择工具" ，在锚点周围单击鼠标并拖出一个矩形选框，如图1-238所示，可以选择矩形框内的所有锚点，如图1-239所示。

图 1-238　　　　　　图 1-239

04 如果要选择一个非矩形区域内的多个锚点，可以使用"套索工具" ，围绕锚点单击拖曳鼠标绘制一个选区，即可将选区内的锚点选中，如图1-240和图1-241所示。

图 1-240　　　　　　图 1-241

05 如果要添加选择锚点，可以按住Shift键并在其他锚点上绘制选区（光标变为 状），如图1-242和图1-243所示。如果要取消一部分锚点的选择，可以按住Alt键并在被选中的锚点上绘制选区（光标变为 状）。如果要取消所有锚点的选择，可以在远离对象的位置上单击鼠标。

图 1-242　　　　　　图 1-243

Point 如果路径进行了填充，使用"直接选择工具" 在路径内部单击，可以选中所有锚点。选择锚点或路径后，按下→、←、↑、↓键可以轻移所选对象；如果同时按下方向键和Shift键，则会以原来的10倍距离轻移对象；按下Delete键，可以删除所选锚点或路径。

1.5.8 实战：调整方向线和方向点

01 打开光盘中的素材。使用"直接选择工具" 单击路径，如图1-244所示。单击曲线上的锚点，将其选中，如图1-245所示。

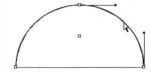 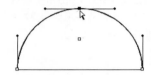

图 1-244　　　　　　图 1-245

02 将光标放在方向点上方，单击拖曳鼠标调整方向线的方向和长度。当方向线较短时，曲线的弧度较小，如图1-246所示；当方向线较长时，曲线的弧度较大，如图1-247所示。

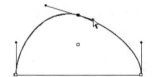 

图 1-246　　　　　　图 1-247

03 从上面两图（图1-246和图1-247所示）中可以看出，使用"直接选择工具" 移动平滑点中的一条方向线时，可以同时调整该点两侧的路径段。选择"转换锚点工具" ，移动平滑点中的一条方向线，此时只能调整与该方向线同侧的路径段，如图1-248所示。

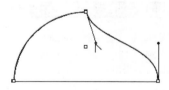

图 1-248

04 分别使用"直接选择工具" 和"转换锚点工具" 移动角点的方向线，如图1-249和图1-250所示。可以看到，这两个工具都只影响与该方向线同侧的路径段。

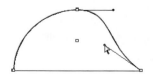 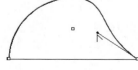

图 1-249　　　　　　图 1-250

1.5.9 实战：转换平滑点与角点

01 打开光盘中的素材，如图1-251所示。使用"直接选择工具" ▶ 单击路径，如图1-252所示。

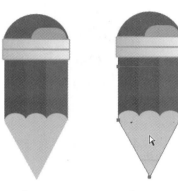

图1-251　　　　　图1-252

02 选择"转换锚点工具" ▶，将光标放在角点上，如图1-253所示，单击并向外拖曳出方向线，可以将其转换为平滑点，如图1-254所示。

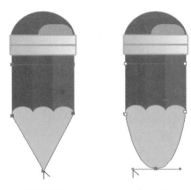

图1-253　　　　　图1-254

03 按住Ctrl键切换为"直接选择工具" ▶，在平滑点上单击选择锚点，如图1-255所示。释放Ctrl键，恢复为"转换锚点工具" ▶，在所选平滑点上单击，即可将其转换成没有方向线的角点，如图1-256和图1-257所示。

04 如果要将平滑点转换为具有独立方向线的角点，可以单击拖曳任意方向点，如图1-258所示。

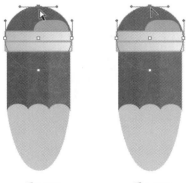

图1-255　　　　　图1-256

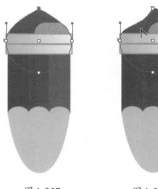

图1-257　　　　　图1-258

1.5.10 实战：添加与删除锚点

添加锚点可以增强对路径的控制力，也可以扩展开放式路径。但最好不要添加多余的点。点数较少的路径更平滑，也易于编辑、显示和打印。删除不必要的点可以降低路径的复杂程度。

01 打开光盘中的素材，如图1-259所示。使用"直接选择工具" ▶ 选择路径，如图1-260所示。

图1-259　　　　　图1-260

02 执行"对象→路径→添加锚点"命令，可以在每两个锚点的中间添加一个新的锚点，如图1-261所示。

图1-261

03 使用"添加锚点工具" ▶ 在路径上单击，可以添加一个锚点，如图1-262所示。使用"删除锚点工具" ▶ 在锚点上单击，则可删除锚点，如图1-263和图1-264所示。

图 1-262   图 1-263   图 1-264

1.5.11 实战：实时转角

01 使用"钢笔工具" ✐ 绘制两段直线路径。使用"直接选择工具" ▷ 单击位于转角上的锚点，此时会显示实时转角构件，如图1-265所示。将光标放在实时转角构件上，单击拖曳鼠标，可以将转角转换为圆角，如图1-266所示。

图 1-265   图 1-266

02 双击实时转角构件，打开"边角"对话框，如图1-267所示。单击 ∫ 按钮，可以将转角改为反向圆角，如图1-268所示；单击 ╱ 按钮，可以将转角改为倒角，如图1-269所示。

图 1-267   图 1-268   图 1-269

2.1 实战绘图：艺术台词框

在我们的生活中，任何复杂的图形都可以简化为最基本的几何形状，Illustrator 中的矩形、椭圆形、多边形、直线段和网格等工具都是绘制这些基本几何图形的工具。而简单的图形通过组合可以成为复杂的图形，因此，不要忽视，也不要小看这些最基本的绘图工具。

2.1.1 基本图形绘制工具

"直线段工具"、"矩形工具"和"椭圆工具"等是Illustrator 中最基本的绘图工具，如图2-1和图2-2所示，选择其中的一个工具后，只需在画板中单击拖曳鼠标即可绘制相应的图形。如果想要按照指定的参数绘制图形，可以在画板中单击，然后在弹出的对话框中进行设置。例如，如图2-3和图2-4所示为创建的大小为90mm×60mm，圆角半径为5mm 的圆角矩形。

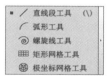

图 2-1　　　　　图 2-2　　　　　图 2-3

图 2-4

2.1.2 绘图与版面布局

01 按快捷键Ctrl+N，打开"新建文档"对话框，在"大小"下拉列表中选择A4选项，单击"取向"选项中的按钮，如图2-5所示，创建一个A4大小（即海报尺寸）的

文档。使用"矩形工具" 创建一个与画板大小相同的矩形，并填充米黄色，如图2-6所示。

图 2-5

图 2-6

02 使用"椭圆工具" ，按住Shift键创建一个正圆形，如图2-7所示。选择"添加锚点工具" ，将光标放在路径上，如图2-8所示，单击鼠标添加一个锚点，如图2-9所示。

图2-7

 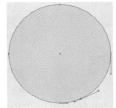

图2-8 图2-9

03 使用"直接选择工具" 移动锚点，如图2-10所示。单击拖曳方向点调整路径形状，如图2-11所示。按快捷键Ctrl+C复制图形。在"图层"面板中的"图层1"前方单击，将该图层锁定，如图2-12所示。单击"图层"面板底部的 按钮，新建一个图层，如图2-13所示。

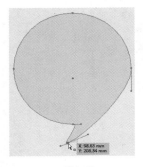 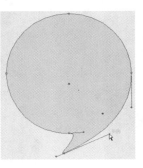

图2-10 图2-11

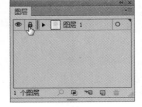 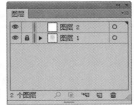

图2-12 图2-13

04 按快捷键Ctrl+V粘贴图形，按住Shift+Alt键并拖曳控制点，将图形缩小，然后修改填充颜色，如图2-14所示。使用"选择工具" ，按住Alt键并拖曳图形进行复制，如图2-15所示。拖曳定界框上的控制点将图形压扁，如图2-16所示。填充颜色设置为洋红色，使用"直接选择工具" 移动锚点，如图2-17所示。

 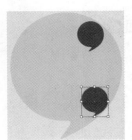

图2-14 图2-15

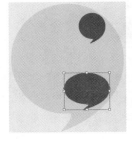 

图2-16 图2-17

05 再复制出一个蓝色的图形，如图2-18所示。将光标放在定界框外，单击拖曳鼠标旋转图形，如图2-19所示。将图形缩小并修改填充颜色，如图2-20所示。使用"直接选择工具" 移动顶部的锚点，如图2-21所示。

 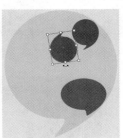

图2-18 图2-19

图2-20 图2-21

06 继续复制图形，修改填充颜色，调整大小并适当旋转，以"图层1"中的大逗号图形为基准，在整个图形范围内铺满小逗号图形，如图2-22所示。在"图层1"的锁状图标 上单击，解除该图层的锁定状态，如图2-23所示。在大逗号图形的眼睛图标 上单击，将该图形隐藏，如图2-24和图2-25所示。

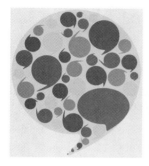

图2-22

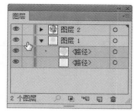

图2-23

图2-24

图2-25

07 使用"文字工具" 输入几行文字，如图2-26和图2-27所示。

图2-26

图2-27

2.2 实战图形运算：爱心图形

在Illustrator中，通过"路径查找器"面板可以将多个简单的图形组合成为复杂的图稿，这要比直接绘制复杂对象简单得多。

2.2.1 图形运算方法

选择两个或多个图形后，单击"路径查找器"面板中的按钮，可以将其组合，如图2-28所示。

图2-28

- 联集 ：将选中的多个图形合并为一个图形。合并后，轮廓线及其重叠的部分融合在一起，最前面对象的颜色决定了合并后的对象颜色，如图2-29和图2-30所示。

图2-29　　　　图2-30

- 减去顶层 ：用最后面的图形减去其前面的所有图形，可保留后面图形的填色和描边，如图2-31和图2-32所示。

图2-31　　　　图2-32

- 交集 ：只保留图形的重叠部分，删除其他部分，重叠部分显示为最前面图形的填色和描边，如图2-33和图2-34所示。

图2-33　　　　图2-34

- 差集 ▣：只保留图形的非重叠部分，重叠部分被挖空，最终的图形显示为最前面图形的填色和描边，如图2-35和图2-36所示。

图2-35

图2-36

- 分割 ▦：对图形的重叠区域进行分割，使之成为单独的图形，分割后的图形可保留原图形的填色和描边，并自动编组。如图2-37所示为在图形上创建的多条路径，如图2-38所示为对图形进行分割后填充不同颜色的效果。

图2-37　　　　　　　　图2-38

- 修边 ▦：将后面图形与前面图形重叠的部分删除，保留对象的填色，无描边，如图2-39和图2-40所示。

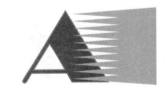

图2-39

图2-40

- 合并 ▣：不同颜色的图形合并后，最前面的图形保持形状不变，与后面图形重叠的部分将被删除。如图2-41所示为原图形，如图2-42所示为合并后将图形移动开的效果。

图2-41　　　　　　　　图2-42

- 裁剪 ▣：只保留图形的重叠部分，最终的图形无描边，并显示为最后面图形的颜色，如图2-43和图2-44所示。

图2-43　　　　　　　　图2-44

- 轮廓 ▣：只保留图形的轮廓，轮廓的颜色为其自身的填色，如图2-45和图2-46所示。

图2-45　　　　　　　　图2-46

- 减去后方对象 ▣：用最前面的图形减去其后面的所有图形，保留最前面图形的非重叠部分及描边、填色，如图2-47和图2-48所示。

图2-47

图2-48

2.2.2 绘制爱心图形

01 按快捷键Ctrl+N，新建一个文档。使用"椭圆工具" ⬭，按住Shift键创建一个正圆形，填充粉色，无描边，如图2-49所示。使用"选择工具" ▶，按住快捷键Alt+Shift并沿水平方向拖曳，复制图形，如图2-50所示。

图 2-49   图 2-50

02 使用"选择工具" ▶ 拖出一个选框，选取这两个图形，如图2-51所示，单击"路径查找器"面板中的 🔲 按钮，将这两个图形合并，如图2-52和图2-53所示。

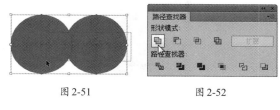

图 2-51   图 2-52

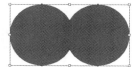

图 2-53

03 选择"钢笔工具" ✎，将光标放在如图2-54所示的锚点上，单击鼠标，删除该锚点，如图2-55所示。将另一个锚点也删除，如图2-56和图2-57所示。

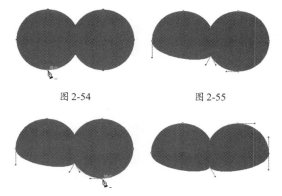

图 2-54   图 2-55

图 2-56   图 2-57

04 选择"转换锚点工具" �<，将光标放在如图2-58所示的锚点上，单击鼠标，将锚点的方向线删除，如图2-59所示。使用"直接选择工具" ▷，将光标放在锚点上，如图2-60所示，按住Shift键，单击并向下方拖曳鼠标，移动锚点，如图2-61所示。

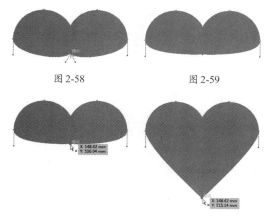

图 2-58   图 2-59

图 2-60   图 2-61

05 将光标放在方向点上，如图2-62所示，单击并按住Shift键向下拖曳鼠标，移动方向点，如图2-63所示。采用同样的方法拖曳另一侧的方向点，如图2-64和图2-65所示。

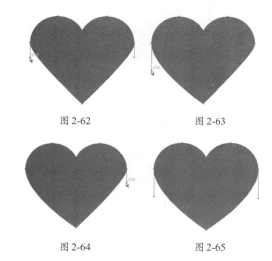

图 2-62   图 2-63

图 2-64   图 2-65

2.3 实战图像描摹：前卫插画

图像描摹是从位图中生成矢量图的一种快捷方法，可以将照片、图片等瞬间变为矢量插画，也可以基于一幅位图快速绘制出矢量图。

2.3.1 创建图像描摹

在 Illustrator 中打开或置入一幅位图图像，如图2-66所示，将其选中后，单击控制面板中"图像描摹"选项右侧的▼按钮，在打开的下拉列表中，选择一个选项，如图2-67所示，即可按照预设的要求自动描摹图像，如图2-68所示。保持描摹对象的选中状态，单击控制面板中的▼按钮，在下拉列表中可以选择其他的描摹样式，进而修改描摹结果，如图2-69和图2-70所示。

图 2-66

图 2-67

图 2-71

图 2-68

图 2-69

图 2-72

图 2-70

图 2-73

图 2-74

描摹图像后，如果希望放弃描摹但保留置入的原始图像，可以选中描摹的对象，然后执行"对象>图像描摹>释放"命令。

2.3.2 描摹与着色

01 按快捷键Ctrl+N，新建一个A4大小的文档。执行"文件>置入"命令，置入光盘中的素材，如图2-71和图2-72所示。

02 保持图像的选中状态，执行"窗口>图像描摹"命令，打开"图像描摹"面板，单击"预设"选项右侧的 ▼ 按钮，在打开的菜单中选择"6色"选项，进行实时描摹，如图2-73和图2-74所示。设置"颜色"参数为7，"杂色"参数为1 px，如图2-75和图2-76所示。

图 2-75

图 2-76

03 单击控制面板中的"扩展"按钮，将描摹对象转换为路径，如图2-77所示。

图2-77

04 双击"魔棒工具"，打开"魔棒"面板，使用默认的参数，如图2-78所示。在蓝色天空区域单击，将所有相同颜色的图形选中，如图2-79所示。

图2-78   图2-79

05 打开"颜色"面板，调整所选图形的颜色，如图2-80和图2-81所示。

图2-80   图2-81

06 在黑色区域单击进行选取，如图2-82所示，调整颜色，如图2-83和图2-84所示。

07 选中棕色区域，如图2-85所示，修改颜色，如图2-86和图2-87所示。

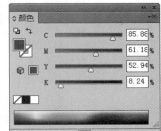

图2-82   图2-83

图2-84   图2-85

图2-86   图2-87

2.3.3 添加背景与污点

01 打开光盘中的素材，如图2-88所示。按快捷键Ctrl+A全选图形，按快捷键Ctrl+C复制，按快捷键Ctrl+Tab切换到插画文档中，按快捷键Ctrl+B，将其粘贴到后面，如图2-89所示。

图 2-88　　　　　　　图 2-89

02 描摹对象被扩展为路径后，所有的图形都被编为一组。使用"编组选择工具" 在描摹对象的背景上单击选取，如图2-90所示，按下Delete键删除所选对象，如图2-91所示。

图 2-90　　　　　　　图 2-91

03 执行"窗口>符号库>点状图案矢量包"命令，在打开的"点状图案矢量包"面板中选择"点状图案矢量包01"符号样本，如图2-92所示。将其拖曳到画板以外的空白区域，如图2-93所示。

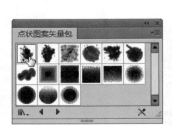

图 2-92　　　　　　　图 2-93

04 打开"符号"面板，单击该面板下方的 按钮，断开符号链接，使符号可以作为图形进行编辑，如图2-94所示。修改图形的填充颜色，如图2-95所示。

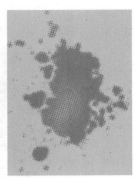

图 2-94　　　　　　　图 2-95

05 使用"选择工具" ，将污点图形移动到画面左下角，并适当调整角度，如图2-96所示。按住Alt键并向右侧拖曳污点图形，进行复制，然后调整角度，使污点图形完全遮盖住画面的一角，如图2-97所示。

图 2-96　　　　　　　图 2-97

06 使用"矩形工具" ，创建一个与画板大小相同的矩形。单击"图层"面板下方的 按钮，创建剪切蒙版，将画面以外的图形隐藏，如图2-98和图2-99所示。

图 2-98　　　　　　　图 2-99

07 使用"铅笔工具" ，依据人物的形态绘制一个投影图形，如图2-100所示。连续按快捷键Ctrl+[，将该图形向后移动，移至人物后面，如图2-101所示。

图2-100　　　　　　　图2-101

08 双击"皱褶工具" ，打开"皱褶工具选项"对话框，设置角度为90°，如图2-102所示。在人物的投影图形上单击拖曳鼠标，使路径产生皱褶效果，如图2-103所示。

图2-102　　　　　　　图2-103

2.3.4 添加装饰元素

01 执行"窗口>符号库>绚丽矢量包"命令，在打开的"绚丽矢量包"面板中选择"绚丽矢量包19"样本，如图2-104所示，将其拖曳到画板中，如图2-105所示。

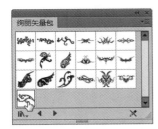

图2-104　　　　　　　图2-105

02 单击"符号"面板下方的 按钮，断开符号链接，如图2-106所示。为花纹图形重新填充颜色，如图2-107所示。

图2-106　　　　　　　图2-107

03 使用"选择工具" ，将花纹图形拖曳到画板中，调整角度，如图2-108所示。按住Alt键并拖曳花纹进行复制，将其装饰在画面中，如图2-109所示。

图2-108　　　　　　　图2-109

2.3.5 制作文字

01 使用"文字工具" T 输入文字，在控制面板中设置字体及大小，如图2-110所示。按快捷键Shift+Ctrl+O，将文字转换为轮廓，如图2-111所示。

图2-110

图2-111

02 打开"外观"面板，如图2-112所示，双击"内容"选项，显示出"描边"和"填色"属性，如图2-113所示。分别调整描边与填充的颜色，设置描边粗细为7pt，如图2-114所示。

图2-112　　　　　　　图2-113

图 2-114

03 加粗描边后，会遮挡住文字的填充内容，因此还要将"描边"属性拖曳到"填色"属性的下方，如图 2-115和图2-116所示。

图 2-115

图 2-116

04 使用"选择工具" ▶，拖曳文字定界框的一角，将文字旋转，如图2-117所示。

图 2-117

2.3.6 添加纹理特效

01 创建一个与画板大小相同的矩形，在"颜色"面板中调整颜色，如图2-118所示。执行"效果>纹理>纹理化"命令，在"光照"下拉列表中选择"上"选项，设置其他参数如图2-119所示。

图 2-118

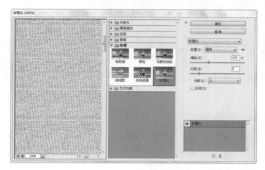

图 2-119

02 设置该图形的混合模式为"正片叠底"，如图2-120和图2-121所示。

图 2-120   图 2-121

03 尝试将图形的颜色调整为土黄色，可以产生怀旧效果，如图2-122和图2-123所示。

图 2-122   图 2-123

2.4 实战渐变：水晶按钮

渐变是一种填色方法，可以创建两种或多种颜色之间平滑过渡的填色效果，各种颜色之间的衔接自然、流畅。

2.4.1 渐变面板

选择一个图形，单击工具箱底部的"渐变"按钮，即可为它填充默认的黑白线性渐变，如图2-124所示，同时弹出"渐变"面板，如图2-125所示。

图2-124

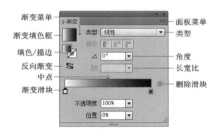

图2-125

- 渐变菜单：单击▾按钮，可以在打开的菜单中选择一个预设的渐变。
- 渐变填色框：显示了当前渐变的颜色。单击它以用渐变填充当前选中的对象。
- 类型：在该选项的下拉列表中可以选择渐变类型，包括线性渐变，如图2-124所示；"径向"渐变，如图2-126所示。
- 反向渐变：单击该按钮，可以反转渐变颜色的填充顺序，如图2-127所示。

图2-126

图2-127

- 描边：如果使用渐变色对路径进行描边，则单击▮按钮，可在描边中应用渐变，如图2-128所示；单击▮按钮，可以沿描边应用渐变，如图2-129所示；单击▮按钮，可以跨描边应用渐变，如图2-130所示。

图2-128

图2-129

图2-130

- 角度：用来设置线性渐变的角度，如图2-131所示。

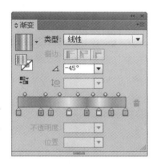

图2-131

- 长宽比：填充径向渐变时，可以在该选项中输入数值，创建椭圆渐变，如图2-132所示，也可以修改椭圆渐变的角度来使其倾斜。

图2-132

- 中点/渐变滑块/删除滑块：渐变滑块用来设置渐变颜色和颜色的位置；中点用来定义两个滑块颜色的混合位置；如果要删除滑块，可以选中它，然后单击按钮。
- 不透明度：选中一个渐变滑块，调整不透明度值，可以使颜色呈现透明效果。
- 位置：选择中点或渐变滑块后，可以在该文本框中输入0～100之间的数值来精确定位。

2.4.2 编辑渐变颜色

- 用"颜色"面板调整渐变颜色：单击一个渐变滑块，将其选中，如图2-133所示，拖曳"颜色"面板中的滑块即可调整颜色，如图2-134和图2-135所示。

图2-133

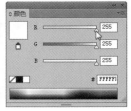

图2-134

图2-135

- 用"色板"面板调整渐变颜色：选择一个渐变滑块，按住Alt键单击"色板"面板中的色板，可以将该色板应用到所选滑块上，如图2-136所示；直接将一个色板拖曳到滑块上也可以改变它的颜色，如图2-137所示。

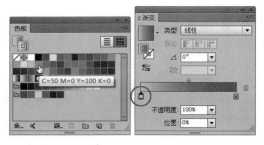

图2-136

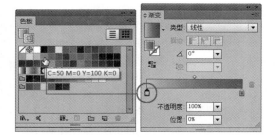

图2-137

- 添加渐变滑块：如果要增加渐变颜色的数量，可以在渐变色条下单击，添加新的滑块，如图2-138所示。将"色板"面板中的色板直接拖曳到"渐变"面板中的渐变色条上，可以添加一个该色板颜色的渐变滑块，如图2-139所示。

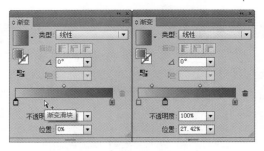

图2-138

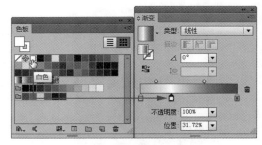

图2-139

- 调整颜色混合位置：拖曳滑块可以调整渐变中各个颜色的混合位置，如图2-140所示。在渐变色条上，每两个渐变滑块的中间（50%处）都有一个菱形的中点滑块，移动中点滑块可以改变其两侧渐变滑块的颜色的混合位置，如图2-141所示。

图2-140

图2-141

- 删除渐变滑块：如果要减少颜色数量，可以选中一个滑块，然后单击 🗑 按钮，将其删除，也可以直接将其拖曳到面板外面。

2.4.3 制作按钮

01 选择"椭圆工具" ⬭ ，在画面中单击，弹出"椭圆"对话框，设置参数如图2-142所示，单击"确定"按钮，创建一个正圆形，如图2-143所示。单击工具箱中的 ▰ 按钮，为其填充渐变色，如图2-144所示。

图 2-142

图 2-143

图 2-144

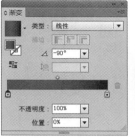

图 2-149

图 2-150

02 打开"渐变"面板，单击左侧的白色滑块，将其选中，如图2-145所示，按住Alt键单击"色板"中的洋红色，修改渐变滑块的颜色，如图2-146和图2-147所示，图形的填充效果如图2-148所示。

图 2-145

图 2-146

图 2-147

图 2-148

03 将渐变的角度设置为-90°，改变渐变的方向，如图2-149所示。将黑色滑块向左拖曳，在"位置"文本框中输入31%，精确定位滑块，如图2-150所示。在图中可以看到洋红与黑色之间的过渡还有灰色存在，因此还需要对黑色的参数进行调整。

04 打开"颜色"面板，在面板菜单中选择CMYK命令，如图2-151所示，下面使用CMYK色谱调整颜色。将M的数值设置为100，即可在原来的黑色滑块中添加红色，使渐变颜色自然过渡，如图2-152和图2-153所示。

图 2-151

图 2-152

图 2-153

05 在渐变颜色条下面单击，添加两个渐变滑块，如图2-154～图2-156所示。

图 2-154　　　　　　　　图 2-155

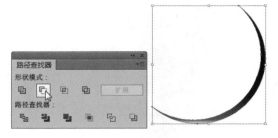

图 2-160

图 2-156

06 继续添加渐变滑块，使颜色的变化更加丰富，如图 2-157所示。取消图形的黑色描边，如图2-158所示。按快捷键Ctrl+C复制圆形，按两次快捷键Ctrl+V粘贴圆形，将复制后的两个圆形重叠排列，如图2-159所示。

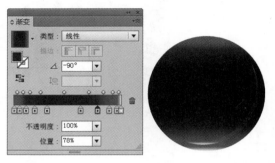

图 2-161

08 分别创建两个月牙图形，填充较浅的渐变颜色，如图 2-162和图2-163所示。

图 2-157　　　　　　　　图 2-158

图 2-162

图 2-159

07 选取这两个圆形，单击"路径查找器"面板中的 按钮，减去顶层对象，得到一个月牙形，如图2-160 所示。将月牙图形移至圆形上面，选取"渐变"面板中的黑色滑块，将黑色调浅，如图2-161所示。

图 2-163

09 创建一个椭圆形，填充渐变，形成按钮的高光区域，如图2-164所示。按快捷键Ctrl+A全选，按快捷键Ctrl+G编组，按快捷键Ctrl+C复制。打开光盘中的素材，按快捷键Ctrl+V，将水晶按钮粘贴到文档中，如图2-165所示。

图2-164

图2-165

2.5 实战渐变网格：小小鸟

渐变网格是一种特殊的渐变填色功能，它通过网格点和网格片面接受颜色，通过网格点精确控制渐变颜色的范围和混合位置，具有灵活度高和可控性强等特点。

2.5.1 创建渐变网格

渐变网格是由网格点、网格线和网格片面构成的多色填充对象，如图2-166所示，各种颜色之间能够平滑过渡。渐变网格与渐变填充的工作原理基本相同，它们都能在对象内部创建各种颜色之间平滑过渡的效果。二者的区别在于，渐变填充可以应用于一个或者多个对象，但渐变的方向只能是单一的，不能分别调整。而渐变网格只能应用于一个图形，但却可以在图形内产生多个渐变，并且渐变也可以沿不同的方向分布。

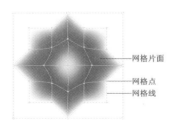

　　　　　── 网格片面

　　　　　── 网格点

　　　　　── 网格线

图2-166

选择"网格工具" 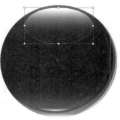 ，将光标放在图形上（光标会变为哔形状），如图2-167所示，单击鼠标，即可将图形转换为渐变网格对象，同时，单击处会生成网格点、网格线和网格片面，如图2-168所示。如果要按照指定数量的网格线创建渐变网格，可以选择图形，然后执行"对象>创建渐变网格"命令，在打开的"创建渐变网格"对话框中设置参数，如图2-169所示。

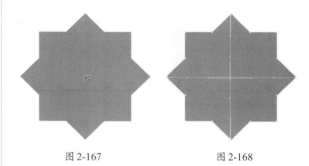

图2-167　　　　　　图2-168

图2-169

2.5.2 制作小鸟

01 选择"圆角矩形工具" ，在画板中单击，打开"圆角矩形"对话框，设置参数如图2-170所示，单击"确定"按钮，创建一个圆角矩形，为它填充绿色，无描边颜色，如图2-171所示。

图2-170　　　　　　　图2-171

02 选择"网格工具" ，在图形上单击，创建一个网格点。按下X键切换到填充编辑状态，将填充颜色设置为粉色，如图2-172所示。在横向网格线上单击，添加网格点，如图2-173所示。在如图2-174所示的位置单击，添加网格点，按下D键将填充颜色设置为白色，将网格点向下拖曳，如图2-175所示。

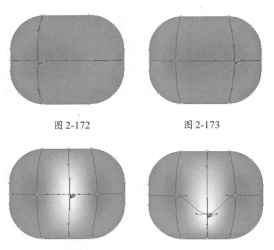

图 2-172　　　　　　　　　图 2-173

图 2-174　　　　　　　　　图 2-175

03 在如图2-176所示的位置单击，添加网格点，同时生成一条横向网格线。分别选取这条网格线左、右两边的网格点，将颜色设置为白色，如图2-177所示。选取如图2-178所示的网格点，填充白色。

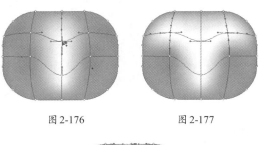

图 2-176　　　　　　　　　图 2-177

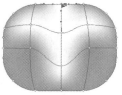

图 2-178

04 选择"圆角矩形工具" ，绘制一个圆角矩形，填充"色板"面板中的橄榄石色，如图2-179所示。选择"网格工具" ，在图形上单击，添加网格点，然后填充黄色，如图2-180所示。再次单击添加网格点，填充白色，如图2-181所示。

图 2-179

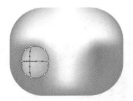

图 2-180　　　　　　　　　图 2-181

05 使用"选择工具" ，按Shift+Alt键并向右侧拖曳该图形，进行复制，如图2-182所示。

06 选择"钢笔工具" ，绘制一条开放式路径作为小鸟的左眼，设置它的描边颜色为黑色，无填充颜色。使用"椭圆工具" 按住Shift键绘制一个正圆形，作为小鸟的右眼，填充黑色，无描边颜色，在它的上面再绘制一个椭圆形，填充黄色，如图2-183所示。

图 2-182　　　　　　　　　图 2-183

07 选择"多边形工具" ，绘制一个三角形（在绘制的过程中按下↓键可以减少边数），填充黄色，如图2-184所示。使用"网格工具" 在如图2-185所示的位置单击，添加网格点，填充白色。

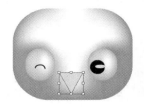 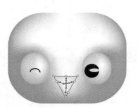

图 2-184　　　　　　　　　图 2-185

08 选择"椭圆工具" ，绘制一个椭圆形，按快捷键Shift+Ctrl+[，将该图形移动到底层，如图2-186所示。使用"网格工具" 在该图形上单击，添加网格点，填充白色，如图2-187所示。

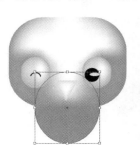 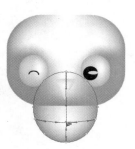

图 2-186　　　　　　　　　图 2-187

09 使用"圆角矩形工具" 绘制一个圆角矩形，如图2-188所示。使用"网格工具" 添加网格点，填充白色，如图2-189所示。按快捷键Shift+Ctrl+[，将该图形移动到底层。按下Ctrl键（切换为"选择工具" ），在定界框外拖曳鼠标，将该图形朝逆时针方向旋转，如图2-190所示。

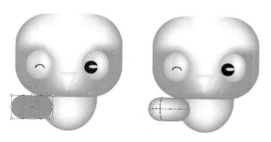

图 2-188　　　　图 2-189

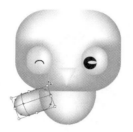

图 2-190

10 保持翅膀图形为选中状态，双击"镜像工具" ，在打开的"镜像"对话框中选择"垂直"选项，单击"复制"按钮进行复制，如图2-191所示。将复制后的翅膀图形移动到小鸟的右侧，如图2-192所示。

图 2-191　　　　图 2-192

11 使用"椭圆工具" 绘制一个椭圆形，选择"旋转工具" ，将光标放在如图2-193所示的位置，光标显示为 形状时，按下Alt键并单击，打开"旋转"对话框，设置角度为15°，单击"复制"按钮进行复制，在画面中复制得到一个椭圆形，如图2-194和图2-195所示。按快捷键Ctrl+D执行"再次变换"命令，复制后得到新的图形，如图2-196所示。分别选取这几个椭圆形，填充不同的颜色，如图2-197所示。

图 2-193　　　图 2-194　　　图 2-195

图 2-196　　　图 2-197

12 选取这4个椭圆形，双击"镜像工具" ，在打开的对话框中选择"垂直"选项，单击"复制"按钮，得到新的图形，如图2-198和图2-199所示。按下Ctrl键将这4个图形向左移动，如图2-200所示。

图 2-198

图 2-199　　　图 2-200

13 修改图形的填充颜色，如图2-201所示。将这8个椭圆形选中，按快捷键Ctrl+G编组，作为小鸟的尾巴，按快捷键Shift+Ctrl+[，将其移动到底层，如图2-202所示。

图 2-201　　　图 2-202

14 执行"窗口>画笔库>装饰_散布"命令，打开"装饰_散布"画笔库，选择如图2-203所示的样本，将其直接拖曳到画面中，如图2-204所示。

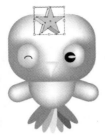

图 2-203　　　　　图 2-204

15 选择如图2-205所示的样本。选择"画笔工具"，在画面中绘制一条路径，如图2-206所示。按快捷键 Shift+Ctrl+[将该路径移动到底层，如图2-207所示。

图 2-205

图 2-206

图 2-207

16 在"装饰_散布"面板中有很多3D几何图形，将它们拖曳到画面中，调整大小并移动到小鸟图形的后面。绘制一个正圆形，填充如图2-208所示的径向渐变，然后调整它的高度，使它成为一个椭圆形，按快捷键Shift+Ctrl+[将其移动到底层，作为投影图形，如图2-209所示。

图 2-208

图 2-209

2.6　实战实时上色：决战NBA

实时上色是一种为图形上色的特殊方法。它的基本原理是通过路径将图稿分割成多个区域，每一个区域都可以上色，每个路径段都可以描边。上色和描边过程就像在涂色簿上填色，或用水彩为铅笔素描上色一样。

2.6.1　创建和编辑实时上色组

选择多个图形，执行"对象>实时上色>建立"命令，即可创建实时上色组，所选对象会编为一组。在实时上色组中，可以上色的部分分为边缘和表面。边缘是一条路径与其他路径交叉后处于交点之间的路径；表面是一条边缘或多条边缘所围成的区域。边缘可以描边，表面可以填色。例如，如图2-210所示为由一个圆形和一条曲线路径创建的实时上色组，如图2-211所示为对表面和边缘分别进行填色后的效果。

图 2-210　　　　　　　图 2-211

建立实时上色组后，每条路径都可以编辑，当移动或改变路径的形状时，颜色会应用于由编辑后的路径所形成的新区域，如图 2-212 和图 2-213 所示。对单个图形表面进行着色时不必选中对象，如果要对多个表面着色，可以使用"实时上色选择工具" 按住 Shift 键并单击这些表面，将它们选中，然后再进行处理。

图 2-212　　　　　　　图 2-213

如果要释放实时上色组，可以将其选中，然后执行"对象>实时上色>释放"命令，对象会变为 0.5pt 黑色描边、无填色的普通路径。

2.6.2　为文字实时上色

01 打开光盘中的素材，如图 2-214 所示。选择"直线段工具" ，按住 Shift 键创建两条直线，无填色、无描边，如图 2-215 所示。

图 2-214

图 2-215

02 使用"选择工具" ，单击拖曳出一个选框，将这两条直线和实时上色组（"NBA"文字图形）同时选中，如图 2-216 所示，单击控制面板中的"合并实时上色"按钮，或执行"对象>实时上色>合并"命令，将这两条路径合并到实时上色组中，如图 2-217 所示。

图 2-216

图 2-217

03 执行"选择>取消选择"命令，取消选择。使用"吸管工具" 单击蓝色图形，拾取它的颜色，如图 2-218 所示。用"实时上色工具" 为实时上色组中新分割出的表面上色，如图 2-219 所示。

图 2-218

图 2-219

04 将填充颜色设置为黄色，继续为实时上色组填色，如图 2-220 和图 2-221 所示。

图 2-220

图 2-221

05 向实时上色组中添加路径后，使用"编组选择工具"  移动路径，或使用"转换锚点工具" 修改路径形状都可以改变上色区域，如图2-222和图2-223所示。

图 2-222

图 2-223

2.7 实战变换：抽象蝴蝶图案

在 Illustrator 中，变换操作包括对对象进行移动、旋转、镜像、缩放和倾斜等。通过"变换"面板、"对象>变换"命令，以及使用专用的工具都可以进行变换操作。

2.7.1 变换方法

使用"选择工具" 单击对象时，其周围会出现一个定界框，定界框四周的小方块是控制点，如图2-224所示。如果这是一个单独的图形，则其中心还会出现■形状的中心点。

使用"旋转工具" 、"镜像工具" 、"比例缩放工具" 和"倾斜工具" 时，中心点上方会出现一个参考点（ 状图标），此时进行变换操作，对象会以参考点为基准产生变换。例如，如图2-225所示为缩放对象时的效果。在参考点以外的区域单击，可以重新定义参考点（ 状图标），如图2-226所示，此时进行变换操作，对象会以该点为基准变换，如图2-227所示。如果要将中心点重新恢复到对象的中心，可以双击旋转、镜像和比例缩放等变换工具，在打开的对话框中单击"取消"按钮。

图 2-224　　　　　　　图 2-225

图 2-226　　　　　　　图 2-227

2.7.2 制作蝴蝶

01 执行"窗口>符号库>花朵"命令，打开"花朵"面板，将玫瑰符号样本拖曳到画板中，如图2-228和图2-229所示。

02 选择"符号着色器工具" ，将填充颜色设置为粉色，在符号上单击改变其颜色，如图2-230所示。

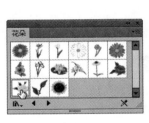

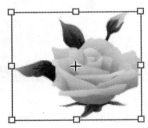

图 2-228　　　　　　　图 2-229

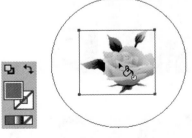

图 2-230

03 选择"旋转工具" ，将光标放在如图2-231所示的位置，按住Alt键并单击，在弹出的对话框中设置旋转角度为-10°，如图2-232所示，单击"复制"按钮，复制图形，如图2-233所示。

图 2-231

图 2-232

图 2-233

04 保持对象的选取状态，连续按快捷键Ctrl+D（一共按11次），旋转并复制出新的图形，如图2-234所示。按快捷键Ctrl+A全选，按快捷键Ctrl+G编组，再用"旋转工具" 将对象朝逆时针方向旋转，如图2-235所示。

图 2-234

图 2-235

05 选择"镜像工具" ，按住Alt键在如图2-236所示的位置单击，在弹出的"镜像"对话框中选择"垂直"选项，如图2-237所示，单击"复制"按钮复制图形，如图2-238所示。按快捷键Ctrl+A全选，按快捷键Ctrl+G编组。

图 2-236

图 2-237

图 2-238

06 用"矩形工具" 绘制一个矩形。选择"旋转扭曲工具" ，将光标放在如图2-239所示的位置，按住鼠标按键，在图形发生旋转时迅速向下拖曳（鼠标轨迹为一条小弧线），扭曲图形，如图2-240所示。

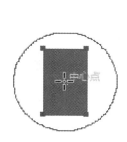

图 2-239

图 2-240

07 将图形放到花纹图案上，如图2-241所示。选择"镜像工具" ，按住Alt键在图案的中心单击，在弹出的对话框中选择"垂直"选项，单击"复制"按钮进行复制，如图2-242所示。选择这两个花纹图案，按快捷键Ctrl+G编组，按快捷键Ctrl+C复制，按快捷键Ctrl+F，将其粘贴在前面，将图形的颜色改为粉色。按住Shift键并拖曳定界框上的控制点，将花纹成等比缩小，如图2-243所示。

图 2-241

图 2-242

图 2-243

08 选择"镜像工具" ，按住Shift键并拖曳粉色的花纹图案，将其垂直镜像，按住Ctrl键将该图案向下拖曳，如图2-244所示。再次按快捷键Ctrl+F粘贴花纹图案，将图形的颜色改为浅粉色，如图2-245所示。

图 2-244

图 2-245

09 选择花纹图案，按快捷键Ctrl+G编组，按快捷键Ctrl+[，将其向后移动，如图2-246所示。最后可以为蝴蝶添加一些文字和背景图案，如图2-247所示。

图 2-246

图 2-247

2.8 实战封套扭曲：弧形立体字

封套扭曲是Illustrator中最灵活、最具可控性的变形功能，它可以使对象按照封套的形状产生变形效果。封套是用于扭曲对象的图形，被扭曲的对象叫作"封套内容"。

2.8.1 创建和编辑封套扭曲

在 Illustrator 中可以通过3种方法创建封套扭曲。

- 用顶层对象建立封套扭曲：在被扭曲的对象上放置一个图形，如图 2-248 所示，将它们选中，执行"对象>封套扭曲>用顶层对象建立"命令，即可用该图形扭曲其下面的对象，如图 2-249 所示。

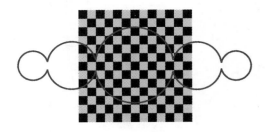

图 2-248

图 2-249

- 用变形建立封套扭曲：选中对象，执行"对象>封套扭曲>用变形建立"命令，打开"变形选项"对话框，如图 2-250 所示，在"样式"下拉列表中选择一种变形样式并设置参数，即可扭曲对象，如图 2-251 所示。

图 2-250

图 2-251

● 用网格建立封套扭曲：选中对象，执行"对象 >
封套扭曲 >用网格建立"命令，在打开的对话框
中设置网格线的行数和列数，如图2-252所示，
单击"确定"按钮，创建变形网格，如图2-253
所示。此后可以用"直接选择工具" ↙ 移动网
格点从而改变网格的形状，进而扭曲对象，如图
2-254所示。

图 2-252　　　　　　　　图 2-253

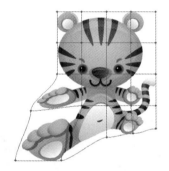

图 2-254

创建封套扭曲后，封套对象会合并到一个名称为
"封套"的图层上。如果要编辑封套内容，可以选中对
象，然后单击控制面板中的"编辑内容"按钮 🔁，封
套内容便会出现在画板中，此时便可对其进行编辑。
修改内容后，单击"编辑封套"按钮 🔁，可以重新恢
复为封套扭曲状态。

如果要编辑封套，可以选中封套扭曲对象，然后
使用锚点编辑工具（"转换锚点工具" ⋀、"直接选择
工具" ↙ 等）对封套进行修改，封套内容的扭曲效果
也会随之改变。

如果要释放封套扭曲，可以选中对象，然后执行
"对象 >封套扭曲 >释放"命令。

2.8.2 扭曲文字

01 新建一个文档。选择"文字工具" **T**，在"字符"
面板中选择字体、设置大小，如图2-255所示。在画
板中单击并输入文字，设置填色为橙色，描边为蓝色，描边
粗细为1.5pt，如图2-256所示。

图 2-255

图 2-256

02 使用"文字工具" **T**，在字母K上单击拖曳鼠标，
将其选取，如图2-257所示，在控制面板中设置文字
大小为90pt，如图2-258所示。选择字母S，将文字大小也调
整为90pt，如图2-259所示。

图 2-257

图 2-258

图 2-259

03 单击工具箱中的"选择工具" ↖，执行"对象 >封
套扭曲 >用变形建立"命令，打开"变形选项"对话
框，在"样式"下拉列表中选择"拱形"，设置其他参数如
图2-260所示，效果如图2-261所示。

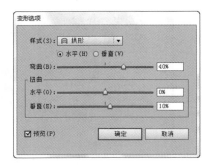

图 2-260

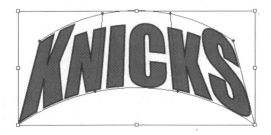

图 2-261

04 执行"效果>3D>凸出和斜角"命令，打开"3D凸出和斜角选项"对话框。设置X轴旋转22°，"透视"为120°，"凸出厚度"为90pt，如图2-262所示。单击该对话框底部的"更多选项"按钮，显示隐藏的选项，单击拖曳灯光图标，移动灯光的位置，如图2-263所示。

图 2-262　　　　　图 2-263

05 单击 按钮，新建一个灯光，如图2-264所示，调整其位置，如图2-265所示。再创建一个灯光，如图2-266所示。单击"确定"按钮关闭对话框，文字效果如图2-267所示。

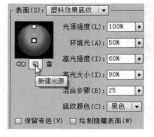

图 2-264

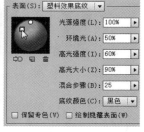

图 2-265

图 2-266

图 2-267

06 打开光盘中的素材，使用"选择工具" 将文字拖入该文档，如图2-268所示。使用"选择工具" 单击篮球，按快捷键Shift+Ctrl+]，将其移到顶层，如图2-269所示。

图 2-268

图 2-269

2.9 实战混合：制作6种风格相框

混合功能可以在两个或多个对象之间生成一系列的中间对象，使之产生从形状到颜色的全面过渡效果。

2.9.1 创建与编辑混合

● 使用混合工具创建混合：选择"混合工具" 📖 ，将光标放在对象上，捕捉到锚点后光标会变为 ▸× 状，如图2-270所示；单击鼠标，然后将光标放在另一个对象上，捕捉到锚点后，如图2-271所示，单击鼠标即可创建混合，如图2-272所示。

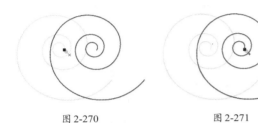

图 2-270　　　　　　图 2-271

图 2-272

● 使用混合命令创建混合：如图2-273所示为两个椭圆形，将它们选中后，执行"对象>混合>建立"命令，即可创建混合，如图2-274所示。

图 2-273　　　　　　图 2-274

● 编辑原始图形：用"编组选择工具" ▸+，在原始图形上单击可将其选中。选择原始的图形后，可以修改它的颜色，也可以对它进行移动、旋转、缩放等操作。

● 编辑混合轴：创建混合后，会自动生成一条用于连接混合对象的路径（混合轴），使用"直接选择工具" ▸ 在对象上单击，选择混合轴，如图2-275所示。混合轴上可以添加和删除锚点，如图2-276所示；拖曳混合轴上的锚点或路径段，可以调整混合轴的形状，如图2-277所示。

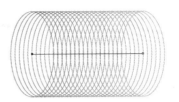

图 2-275

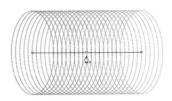

图 2-276

图 2-277

● 替换混合轴：在默认情况下，混合轴为一条直线，选择一条路径及混合对象，执行"对象>混合>替换混合轴"命令，可以使用该路径替换混合轴，使对象沿该路径混合。

● 释放混合：选择对象，执行"对象>混合>释放"命令，即可释放混合。

2.9.2 制作相框

01 选择"矩形工具" ▭ ，创建一个矩形，在控制面板中设置描边颜色为豆绿色，描边粗细为60pt，如图2-278所示。按快捷键Ctrl+C复制矩形，按快捷键Ctrl+F，将其粘贴到前面，调整描边颜色为黄色，粗细为5pt，如图2-279所示。

图 2-278　　　　　　图 2-279

02 按快捷键Ctrl+A，选取这两个矩形，按快捷键Alt+Ctrl+B建立混合。双击"混合工具" 📖 ，打开"混合选项"对话框，设置指定的步数为30，如图2-280和图2-281所示。

图 2-280

图 2-281

03 单击"图层"面板中的 ▶ 按钮，展开"图层1"列表，将"混合"层拖曳到面板下方的 🗐 按钮上进行复制，如图2-282所示。隐藏位于下方的"混合"层，在位于上方的"混合"层后面单击，将混合路径选取，如图2-283所示。

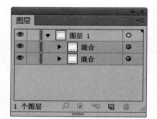

图 2-282

图 2-283

04 执行"窗口>画笔库>边框>边框_装饰"命令，在打开的"边框_装饰"面板中选择"哥特式"样本，如图2-284所示，将该画笔应用于矩形路径上，效果如图2-285所示。

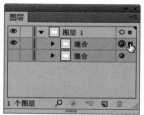

图 2-284

图 2-285

05 单击"混合"层前面的 ▶ 按钮，展开该图层，在位于下方的"路径"层后面单击，选择该层中的路径，如图2-286所示，在控制面板中设置描边为3pt，如图2-287所示。

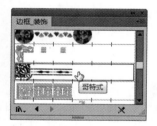

图 2-286

图 2-287

06 打开"画笔"面板，双击"哥特式"样本，如图2-288所示，打开"图案画笔选项"对话框，在"方法"下拉列表中选择"色调"，如图2-289所示。单击"确定"按钮，弹出画笔更改警告对话框，单击"应用于描边"按钮，如图2-290所示，由于前面制作画框时设置描边颜色为黄色，因此，编辑画笔选项后，边框使用默认的颜色，即黄色，如图2-291所示。

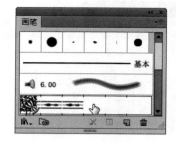

图 2-288

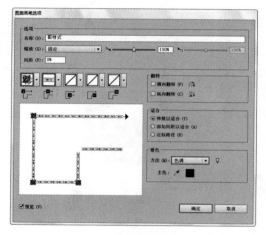

图 2-289

图 2-290

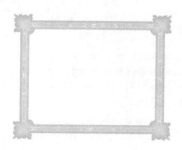

图 2-291

07 在"图层"面板中分别选择粗、细两个矩形路径，在"色板"中拾取颜色，如图2-292所示，描边为3pt的

路径颜色设置为深棕色，描边为1pt的路径颜色设置为浅棕色，效果如图2-293所示。

图 2-292　　　　　　　　　图 2-293

08 在"图层"面板中复制画框层，将其他画框隐藏。执行"窗口>画笔库>边框>边框_虚线"命令，加载该画笔库，选择如图2-294所示的画笔样本，生成图2-295所示的像框。

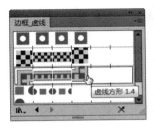

图 2-294　　　　　　　　　图 2-295

09 双击"混合工具" ，打开"混合选项"对话框，设置指定的步数为9，如图2-296所示。减少混合步数后，边框会产生层次感，效果如图2-297所示。

图 2-296　　　　　　　　　图 2-297

10 再次复制画框。加载"边框_装饰"画笔库，单击"晶体"画笔样本，如图2-298和图2-299所示。

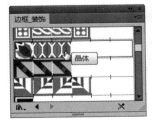

图 2-298　　　　　　　　　图 2-299

11 使用其他画笔样本进行描边，可以制作出各种不同的边框效果。在后面衬上插画，即可制作出一个照片展示墙，效果如图2-300所示。

图 2-300

2.10 实战剪切蒙版：Q版头像

剪切蒙版用来控制对象的显示区域，它可以通过蒙版图形的形状来遮盖其他对象。

2.10.1 创建和编辑剪切蒙版

剪切蒙版可以通过两种方法来创建。第一种方法是选择对象，如图2-301所示，然后单击"图层"面板中的 按钮进行创建，此时蒙版会遮盖同一图层中的所有对象，如图2-302所示。

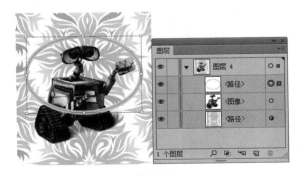

图 2-301

图 2-302

第二种方法是在选择对象后，执行"对象>剪切蒙版>建立"命令来进行创建，此时蒙版只遮盖所选的对象，不会影响其他对象，如图2-303所示。

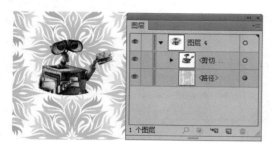

图 2-303

在"图层"面板中，创建剪切蒙版时，蒙版图形和被其遮盖的对象会移到<剪切组>内，如图2-304所示。如果将其他对象拖入包含剪切路径的组或图层时，可以对该对象进行遮盖，如图2-305所示。如果将剪切蒙版中的对象拖至其他图层，则可排除对该对象的遮盖。

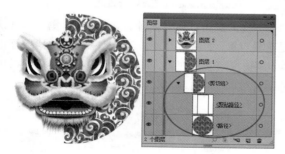

图 2-304

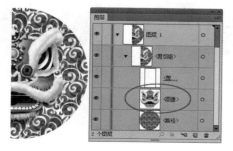

图 2-305

如果要释放剪切蒙版，可以选择剪切蒙版对象，然后执行"对象>剪切蒙版>释放"命令，或单击"图层"面板中的"建立/释放剪切蒙版"按钮 。

2.10.2 制作卡通兔头像

01 新建一个文档。使用"钢笔工具" 绘制小兔子，如图2-306~图2-308所示。

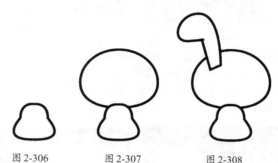

图 2-306 　　　图 2-307 　　　图 2-308

02 选择耳朵，如图2-309所示。选择"镜像工具" ，按住Alt键并在头部中央单击，如图2-310所示，弹出"镜像"对话框，选择"垂直"选项，单击"复制"按钮，复制耳朵图形，如图2-311和图2-312所示。

图 2-309 　　　　　图 2-310

图 2-311 　　　　　图 2-312

03 使用"选择工具" ，在画板中单击并拖出一个矩形选框，将小兔子选中，如图2-313所示，单击"路径查找器"面板中的 按钮，将图形合并，如图2-314和图2-315所示。

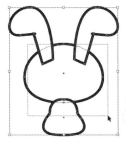

图2-313　　　　　　　　　图2-314

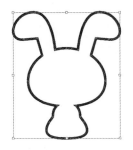

图2-315

04 打开光盘中的素材，如图2-316所示，使用"选择工具" ![箭头] 将小兔子拖入到该文档中，如图2-317所示。按快捷键Ctrl+A，选中所有图形，如图2-318所示，按快捷键Ctrl+G编组，如图2-319所示。

图2-316　　　　　　　　　图2-317

图2-318　　　　　　　　　图2-319

05 单击"图层"面板底部的 ![按钮] 按钮，创建剪切蒙版，如图2-320和图2-321所示。使用"编组选择工具" ![箭头] 选择小兔子图形，如图2-322所示，将它的描边颜色设置为深红色，描边宽度设置为4pt，效果如图2-323所示。

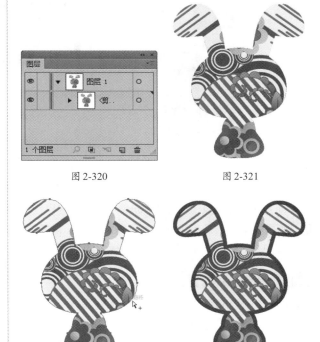

图2-320　　　　　　　　　图2-321

图2-322　　　　　　　　　图2-323

Point 制作好一个头像后，可以复制出几个，然后用不同的图形素材替换剪切蒙版中的图形，这样就可以快速制作出一组可爱的Q版头像了。

2.11　实战不透明度蒙版：奇妙字符画

不透明蒙版可以改变对象的不透明度，使其产生透明效果。创建合成效果时，常会用到该功能。

2.11.1　创建和编辑不透明度蒙版

制作不透明度蒙版前，首先应具备蒙版对象和被遮盖的对象，并且蒙版对象应位于被遮盖的对象上方。

蒙版对象定义了透明区域和透明度，蒙版对象中的白色区域会完全显示下面的对象；黑色区域会完全遮盖下面的对象；灰色区域会使对象呈现不同程度的透明效果，如图2-324所示。

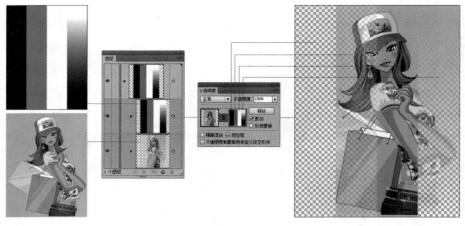

图 2-324

　　将蒙版图形放在被遮盖的对象上面，然后将它们选中，单击"透明度"面板中的"制作蒙版"按钮，即可创建不透明度蒙版。

　　创建不透明度蒙版后，"透明度"面板中会出现两个缩览图，左侧是被遮盖对象的缩览图，右侧是蒙版缩览图。如果要编辑对象，则单击对象缩览图；如果要编辑蒙版，则单击蒙版缩览图。如果要释放不透明度蒙版，可以选择对象，然后单击"透明度"面板中的"释放"按钮即可。

2.11.2 制作字符画

01 打开光盘中的素材，如图2-325所示。选择人像，单击"透明度"面板中的"制作蒙版"按钮，建立不透明度蒙版。单击蒙版缩览图，如图2-326所示，进入蒙版编辑状态。

图 2-325　　　　　　图 2-326

02 选择"文字工具" **T**，在画板左上角单击拖曳鼠标，创建一个与画板大小相同的文本框，然后输入文字，设置文字颜色为白色，大小为11pt，如图2-327所示。

03 在文本中双击，将文字全部选取，按快捷键Ctrl+C复制，在最后一个文字后面单击，设置插入点，按快捷键Ctrl+V粘贴文本。重复粘贴操作，直到文字铺满画面，如图2-328所示。单击对象缩览图，结束蒙版的编辑，如图2-329所示。

图 2-327

图 2-328　　　　　　图 2-329

04 单击"图层1"前面的 ▶ 按钮，展开图层列表，如图2-330所示，将"图像"图层拖曳到该面板底部的 按钮上进行复制，如图2-331所示。通过两张图像的重叠，使字符变得更加清晰，效果如图2-332所示。

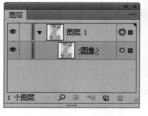

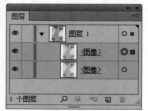

图 2-330　　　　　　图 2-331

图 2-332

具有自然笔触的描边；图案画笔可以将图案沿路径重复拼贴；艺术画笔可以沿着路径的长度均匀拉伸画笔或对象的形状，模拟水彩、毛笔和炭笔等效果。

书法画笔　　　散点画笔　　　毛刷画笔

图案画笔　　　艺术画笔

图 2-336

2.12 实战画笔：荷塘雅趣

画笔可以为路径描边、添加不同风格的外观，也可以模拟类似于毛笔、钢笔、油画笔等的笔触效果。画笔描边可以通过"画笔工具"和"画笔"面板来添加。

2.12.1 画笔面板

选择一个图形，如图 2-333 所示，单击"画笔"面板中的一个画笔，即可对其应用画笔描边，如图 2-334 和图 2-335 所示。

书法画笔
散点画笔

毛刷画笔
图案画笔
艺术画笔
画笔库菜单
移去画笔描边
所选对象的选项

库面板

删除画笔
新建画笔

图 2-333　　　　　　图 2-334

图 2-335

- 画笔类型：画笔分为5类，如图 2-336 所示。其中，书法画笔可以模拟传统的毛笔，创建书法效果的描边；散点画笔可以将一个对象（如一只瓢虫或一片树叶）沿路径分布；毛刷画笔可以创建

- 画笔库菜单 [图标]：单击该按钮，可以打开下拉列表选择预设的画笔库。

- 移去画笔描边 [图标]：选择一个对象，单击该按钮可以删除应用于对象的画笔描边。

- 所选对象的选项 [图标]：单击该按钮，可以打开"画笔选项"对话框。

- 新建画笔 [图标]：单击该按钮，可以打开"新建画笔"对话框。如果将面板中的一个画笔拖至该按钮上，则可复制该画笔。

- 删除画笔 [图标]：选择面板中的画笔后，单击该按钮可将其删除。

2.12.2 绘制荷花

01 使用"矩形工具" [图标]绘制一个与画板大小相同的矩形，填充浅灰色，如图 2-337 所示。在"图层"面板中锁定"图层1"，单击该面板底部的 [图标]按钮，新建一个图层，如图 2-338 所示。

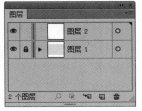

图层 2
图层 1

2 个图层

图 2-337　　　　　　图 2-338

02 使用"钢笔工具" [图标]绘制荷花的花瓣，填充粉色的线性渐变，如图 2-339 所示。执行"窗口>画笔库>矢量包>颓废画笔矢量包"命令，打开该画笔库，选择如图 2-340 所示的画笔，为花瓣的描边，设置描边粗细为0.25pt，颜色为粉红色，如图 2-341 所示。

图 2-339　　　　　　　图 2-340

图 2-346

05 使用"画笔工具" 自下而上绘制一条绿色的曲线，如图2-347所示，它与荷花的花瓣用的是相同的画笔效果，不同的是描边粗细为1pt。再绘制一条长一点的线。执行"窗口>画笔库>矢量包>手绘画笔矢量包"命令，打开该画笔库，选择如图2-348所示的画笔，设置描边粗细为0.1pt，在"透明度"面板中调整混合模式为"正片叠底"，使线条呈现轻柔、透明的效果，如图2-349所示。

图 2-341

03 设置花瓣的不透明度为50%，如图2-342所示。再绘制另外两片花瓣，如图2-343所示。

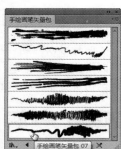

图 2-347　　　　　　图 2-348

图 2-342　　　　　　　图 2-343

04 绘制一个绿色的图形作为荷叶，如图2-344所示。在"透明度"面板中设置荷叶的不透明度为50%。执行"效果>风格化>羽化"命令，设置羽化半径为3mm，使荷叶边缘变得柔和，如图2-345和图2-346所示。

图 2-349

06 再分别绘制两条短一点的线，如图2-350所示。

图 2-344

图 2-350

图 2-345

07 在荷叶右下方绘制一条路径，选择"颓废画笔矢量包03"，如图2-351所示。设置描边粗细为10pt，混合模式为"正片叠底"，不透明度为50%，如图2-352所示，使荷叶呈现纹理感。再稍往上的位置再绘制一条路径，如图2-353所示。

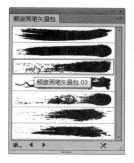

图 2-351

图 2-352

图 2-353

08 依然使用该画笔画出荷花的花蕊，描边粗细为1pt，小一点的花蕊描边为0.5pt，如图2-354所示。在荷叶边缘绘制一个大一点的图形，填充土黄色，如图2-355所示。设置混合模式为"正片叠底"，不透明度为50%。为了使边缘变柔和，给图形添加"羽化"效果，如图2-356所示，通过这种方式来表现宣纸的晕湿效果。

图 2-354

图 2-355

图 2-356

09 在画面左上方绘制荷叶。先绘制一个土黄色的图形，如图2-357所示，在其上面绘制灰绿色的荷叶，如图2-358所示，再为其添加与大荷叶一样的纹理，如图2-359所示。

图 2-357

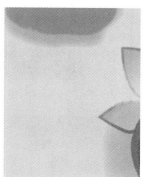

图 2-358

图 2-359

10 选择"颓废画笔矢量包04"，如图2-360所示，绘制左侧荷叶的荷梗，设置描边粗细为0.25pt，如图2-361所示。

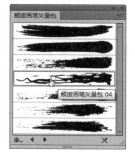

图 2-360

图 2-361

11 绘制一个与页面大小相同的矩形，执行"窗口>色板库>图案>基本图形>基本图形_纹理"命令，载入该图案面板，选择"沙子"图案，如图2-362所示，用它来填充图形，使画面呈现纹理质感。在画面右下方输入文字，再制作一枚印章，这样就完成了一幅完整的国画，如图2-363所示。

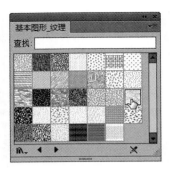

图 2-362

图 2-363

 Point 在绘制这幅国画时，有许多图形都超出了画框以外，绘制完成后，可以通过剪贴蒙版将画框以外的图形隐藏。

2.13 实战符号：花花的笔记本

在平面设计工作中，经常要绘制大量重复的对象，如花草、地图上的标记等，Illustrator为这样的任务提供了一个简便的功能，它就是符号。将一个对象定义为符号后，可以通过符号工具生成大量相同的对象（它们称为"符号实例"），所有的符号实例都链接到"符号"面板中的符号样本上，修改符号样本时，实例会自动更新，因此，使用符号可以节省绘图时间，并显著减小文件的大小。

2.13.1 创建符号

Illustrator的工具箱中包含8种符号工具，如图2-364所示，其中，"符号喷枪工具" 🔳 用于创建符号实例，其他工具用于编辑符号实例。

在"符号"面板中选择一个符号样本，如图2-365所示，使用"符号喷枪工具" 🔳 在画板中单击鼠标即可创建一个符号实例，如图2-366所示；单击并按住鼠标按键，则可以创建一个符号组，符号会以单击点为中心向外扩散；单击拖曳鼠标，会沿鼠标运行的轨迹创建符号组，如图2-367所示。

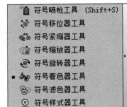

图 2-364

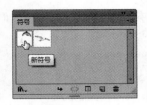

图 2-365

图 2-366

图 2-367

如果要在一个符号组中添加新的符号，可以选择该符号组，然后在"符号"面板中选择另外的符号样本，如图2-368所示，此时便可使用"符号喷枪工具" 🔳 在符号组中添加该符号，如图2-369所示。如果要删除符号，可以按住Alt键并在它上方单击鼠标。

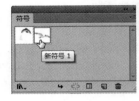

图 2-368

图 2-369

- 符号位移器工具 🔳：在符号上单击拖曳鼠标可以移动符号；按住Shift键单击一个符号，可将其调整到其他符号的上面；按住Shift+Alt键单击，可将其调整到其他符号的下面。

- 符号紧缩器工具 🔳：在符号组上单击或移动鼠标，可以聚拢符号；按住Alt键操作，可以使符号扩散开。

- 符号缩放器工具 🔳：在符号上单击可以放大符号；按住Alt键单击则缩小符号。

- 符号旋转器工具 🔳：在符号上单击或拖曳鼠标可以旋转符号。旋转时，符号上会出现一个带有箭头的方向标志，通过它可以观察符号的旋转方向和角度。

- 符号着色器工具 🔳：在"色板"或"颜色"面板中设置一种填充颜色，选择符号组，使用该工具在符号上单击可以为符号着色；连续单击，可增加颜色的浓度。如果要还原符号的颜色，可按住Alt键单击符号。

- 符号滤色器工具 🔳：在符号上单击可以使符号呈现透明效果；按住Alt键单击可还原符号的不透明度。

● 符号样式器工具 ⊙：在"图形样式"面板中选择一种样式，然后选择符号组，使用该工具在符号上单击，可以将所选样式应用到符号中；按住Alt键单击可清除符号中添加的样式。

2.13.2 制作小房子

01 按快捷键Ctrl+N，新建一个文档。执行"窗口>符号库>Web按钮和条形"命令，打开该面板，分别单击"项目符号1-橙色"、"按钮2-绿色"、"按钮2-粉色"、"按钮2-蓝色"、"按钮2-橙色"符号，如图2-370所示，将它们添加到"符号"面板中，如图2-371所示。

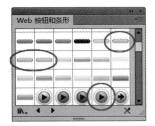
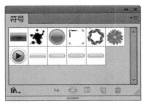

图 2-370 图 2-371

02 将"按钮2-绿色"符号从面板中拖曳到画板上，如图2-372所示，选择"旋转工具" ↻，将光标放在如图2-373所示的位置，按住Alt键并单击，弹出"旋转"对话框，设置旋转角度，如图2-374所示，单击"复制"按钮，复制图形，如图2-375所示。

图 2-372 图 2-373

图 2-374 图 2-375

03 连续按快捷键Ctrl+D复制图形，如图2-376所示。按快捷键Ctrl+A，选中所有图形，如图2-377所示，按快捷键Ctrl+G编组。

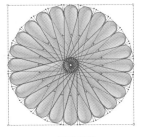

图 2-376 图 2-377

04 按快捷键Ctrl+C复制，按快捷键Ctrl+F，将其粘贴到前方。将光标放在定界框右上角的控制点上，按住Shift+Alt键并拖曳鼠标，基于中心点向内缩小图形，如图2-378所示。选择"按钮2-粉色"符号，打开面板菜单，选择"替换符号"命令，用所选符号替换原有的符号，如图2-379和图2-380所示。

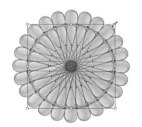

图 2-378

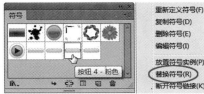

图 2-379

图 2-380

05 采用同样方法粘贴符号并将其缩小，然后用其他符号将其替换，效果如图2-381所示。将"项目符号1-橙色"符号从面板中拖曳到花朵图形上，如图2-382所示。

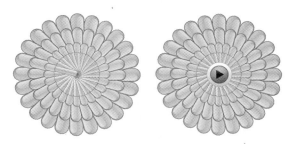

图 2-381 图 2-382

06 按快捷键Ctrl+A，选择所有图形，按快捷键Ctrl+G编组，如图2-383所示。执行"效果>风格化>投影"命令，为图形添加"投影"效果，如图2-384和图2-385所示。

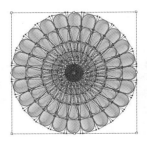

图 2-383　　　　　图 2-384

图 2-385

07 执行"窗口>符号库>花朵"命令，打开该面板，将"雏菊"符号拖曳到画板中，如图2-386所示。保持图形的选中状态，选择"旋转工具" ，将光标放在如图2-387所示的位置，按住Alt键并单击鼠标，弹出"旋转"对话框，设置旋转的角度，单击"复制"按钮复制图形，如图2-388和图2-389所示。连续按快捷键Ctrl+D复制图形，如图2-390所示。

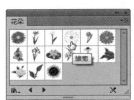

图 2-386

图 2-387

图 2-388　　　　　图 2-389

图 2-390

08 选择"花朵"面板中的其他符号，将它们拖曳到画板中，装饰在花环上，如图2-391所示。选择组成花环的所有图形，如图2-392所示，按快捷键Ctrl+G编组。执行"效果>风格化>投影"命令；添加"投影"效果，如图2-393和图2-394所示。

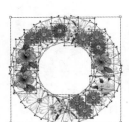

图 2-391　　　　　图 2-392

图 2-393　　　　　图 2-394

09 使用符号库中的其他符号可以制作出更多的花朵图形，如图2-395~图2-397所示。打开光盘中的笔记本素材，将制作好的花朵和花环拖曳到该文档中，如图2-398所示。

图 2-395

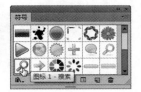

图 2-396

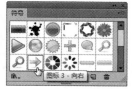

图 2-397

图 2-398

2.14 实战效果：光盘盘面设计

效果是用于修改对象外观的功能，例如，可以为对象添加投影、使对象扭曲、呈现线条状，以及创建3D立体效果等。

2.14.1 效果

"效果"菜单中包含两种类型的效果，如图2-399所示。菜单的上半部是矢量效果，其中的3D、SVG滤镜、变形、变换、投影、羽化、内发光，以及外发光可同时应用于矢量和位图，其他效果只能用于矢量对象，或位图对象的填色或描边。菜单的下半部是栅格效果（Photoshop效果），可应用于矢量对象或位图。

图 2-399

选择对象，执行"效果"菜单中的命令，弹出相应的对话框，设置效果参数后，单击"确定"按钮，即可应用效果。

2.14.2 外观属性

外观属性是一组在不改变对象基础结构的前提下影响对象外观的属性，包括填色、描边、透明度和效果。将外观属性应用于对象后，可随时修改和删除。

选择一个对象后，"外观"面板中会列出它的外观属性，如图2-400所示，此时可以选择其中任意一个属性项目进行修改。例如，如图2-401所示为将填色设置为图案后的效果。

图 2-400

图 2-401

选择添加了效果的对象，双击"外观"面板中的效果名称，则可以在打开的对话框中修改效果的参数。如果要删除一种外观属性，可以在"外观"面板中将该属性拖曳到"删除所选项目"按钮 🗑 上。

2.14.3 制作光盘盘面

01 打开光盘中的素材，如图2-402所示。光盘的制作方法比较简单，只需使用剪切蒙版将图形隐藏即可，因此，每一个光盘都位于一个单独的图层中，如图2-403所示。下面针对每一个光盘中的图形添加效果。

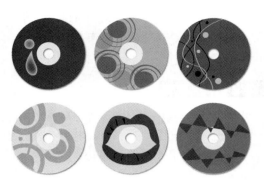

图 2-402

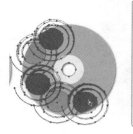

图 2-407　　　　　　　　图 2-408

图层

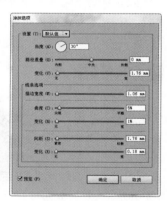

图 2-403

02 使用"编组选择工具"选择第1个光盘的盘面，如图2-404所示，执行"效果>风格化>内发光"命令，打开"内发光"对话框，选择"边缘"选项，使发光由对象的边缘开始向中心扩散，设置发光颜色和其他参数如图2-405所示，盘面效果如图2-406所示。

图 2-409

04 使用"编组选择工具"，选择第3个光盘中的图形，如图2-410所示，执行"效果>风格化>涂抹"命令，对路径进行扭曲，如图2-411和图2-412所示。

内发光

图 2-404　　　　　　　图 2-405

图 2-406

03 使用"编组选择工具"，按住Shift键并选择第2个光盘中的图形，如图2-407所示，执行"效果>风格化>投影"命令，设置投影颜色和参数如图2-408所示，效果如图2-409所示。

图 2-410　　　　　　　图 2-411

图 2-412

05 选择第4个光盘中的图形，如图2-413所示，执行"效果>风格化>羽化"命令，设置参数如图2-414所示，该效果可以柔化对象的边缘，使其产生从内部到边缘逐渐透明的效果，如图2-415所示。

图 2-413　　　　　　　　图 2-414

图 2-415

06 选择第5个光盘中的图形，如图2-416所示，执行"效果>风格化>外发光"命令，为其添加外发光，如图2-417和图2-418所示。

图 2-416　　　　　　　　图 2-417

图 2-418

07 选择第6个光盘最上面的线段，如图2-419所示，执行"效果>风格化>圆角"命令，添加该效果，如图2-420和图2-421所示。

图 2-419　　　　　　　　图 2-420

图 2-421

08 在"图层"面板中将"图层8"显示出来，完成盘面的制作，如图2-422和图2-423所示。

图 2-422

图 2-423

2.15　实战3D效果：镂空立方体

　　3D效果是非常强大的功能，它通过挤压、绕转和旋转等方式让二维图形产生三维效果，还可以调整角度、透视、光源和贴图。

2.15.1 创建3D效果

　　"效果>3D"菜单中包含3个创建3D效果的命令，其中，"凸出和斜角"效果通过挤压的方法为路径增加厚度来创建3D立体对象。例如，如图2-424所示为一个相机图形，将其选中后，执行"效果>3D>凸出和斜角"命令，在打开的对话框中设置参数，如图2-425所示，单击"确定"按钮，即可沿对象的Z轴拉伸出一个3D对象，如图2-426所示。

图 2-424

图 2-425   图 2-426

"绕转"效果可以让路径做圆周运动，从而生成3D对象。例如，如图2-427所示为一个酒杯的剖面图形，将其选中，执行"效果>3D>绕转"命令，在打开的对话框中设置参数，如图2-428所示，单击"确定"按钮，即可将它绕转成一个酒杯，如图2-429所示。

图 2-427   图 2-428

图 2-429

"旋转"效果可以在一个虚拟的三维空间旋转图形、图像，或是由"凸出和斜角"或"绕转"命令生成3D对象。例如，如图2-430所示为一个图像，将其选中后，执行"效果>3D>旋转"命令即可将其旋转，如图2-431和图2-432所示。

图 2-430

图 2-431   图 2-432

2.15.2 通过图形制作镂空效果

01 使用"矩形工具" 创建画板大小的矩形，填充黑色，无描边颜色。按住Shift键并在右下角创建一个正方形，填充绿色，无描边颜色，如图2-433所示。执行"效果>3D>凸出与斜角"命令，在打开的对话框中设置参数，制作简单的立体效果，如图2-434和图2-435所示。

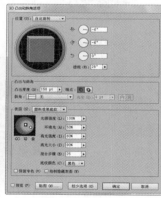

图 2-433   图 2-434

图 2-435

02 使用"选择工具"  ，按住Alt键并拖曳立方体进行复制，然后修改填充颜色，如图2-436所示。使用"铅笔工具" 绘制一个图形，填充渐变，无描边颜色，在"透明度"面板中修改混合模式和不透明度，如图2-437所示。执行"效果>风格化>羽化"命令，在打开的对话框中设置羽化半径为26mm，使图形的边缘呈现透明效果，如图2-438所示。

图 2-436

图 2-437

图 2-441

2.15.3 通过描边制作镂空效果

01 下面再来了解另一种制作镂空立方体的方法。使用"矩形工具" 创建一个矩形，设置描边颜色为橙色，无填色，如图2-442所示。

02 执行"效果>3D>凸出与斜角"命令，打开"3D凸出和斜角选项"对话框，设置与前一种方法相同的参数，只是这一次单击 按钮，这样也可以制作出镂空立方体，如图2-443所示。变换不同的描边颜色可以制作出其他立方体，如图2-444所示。

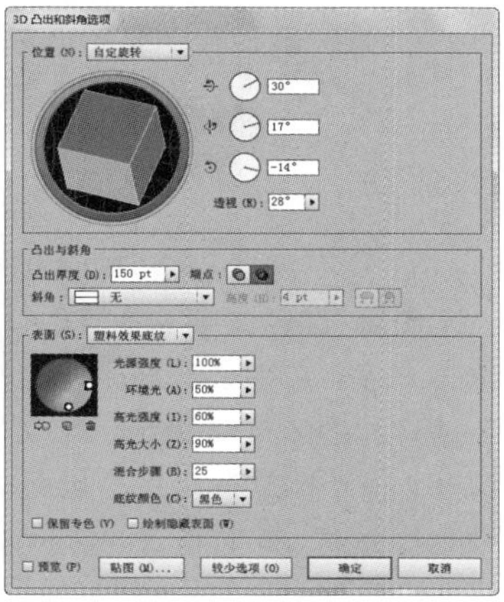

图 2-438

03 使用"矩形工具" ，按住Shift键创建一个正方形，填充橙色，无描边颜色，如图2-439所示。执行"效果>3D>凸出与斜角"命令，在打开的对话框中单击 按钮，并设置其他参数，如图2-440所示，效果如图2-441所示。变换填充颜色，可以制作出其他的立方体。

图 2-442

图 2-443

图 2-444

2.16　实战文字：诗集页面设计

Illustrator的文字功能非常强大，它支持Open Type字体和特殊字型，可以调整字体大小、间距、控制行和列及文本块等，无论是设计各种字体，还是排版，都可以用Illustrator来完成。

图 2-439

图 2-440

2.16.1 文字的创建方法

在 Illustrator 中，可以通过 3 种方法创建文字，即创建点文字、区域文字和路径文字。

选择"文字工具" T，在画板中单击鼠标，设置文字插入点，单击处会出现闪烁的光标，此时输入文字即可创建点文字，如图 2-445 所示；如果要换行，可按下回车键；如果要修改文字，可以将光标放在文字上，单击拖曳鼠标选取文字，如图 2-446 所示，然后输入新的文字内容，如图 2-447 所示；如果要添加文字，可以在文字中间单击，重新定位文字插入点，然后输入文字即可；如果要结束文字的输入，可以按下Esc键，或单击工具箱中的其他工具。

图 2-445

图 2-446

图 2-447

使用"文字工具" T 单击拖曳出一个矩形框，释放鼠标后输入文字，即可创建矩形区域文字。如果使

用"区域文字工具" T 在一个封闭的图形上单击鼠标，如图 2-448 所示，然后再输入文字，则可将文字限定在路径区域内，此时文字会自动换行，如图 2-449 所示。使用"选择工具" ▶ 拖曳定界框上的控制点进行旋转或缩放操作时，文字会在新的区域内重新排列，但文字的大小和角度不会变化，如图 2-450 所示。

图 2-448

图 2-449

图 2-450

使用"路径文字工具" ⌁ 在一条路径上单击，然后输入文字，文字会沿路径排列，成为路径文字，如图 2-451 和图 2-452 所示。用"选择工具" ▶ 选择路径文字，将光标放在文字的起点或终点标记上，光标会变为 ▶ꓳ 形状，此时单击并沿路径拖曳鼠标可以移动文字，如图 2-453 所示；将该标记拖曳到路径的另一侧，则可以翻转文字；如果修改路径的形状，则文字也会

随着路径形状的改变而产生变化。

图 2-451

图 2-452

图 2-453

2.16.2 页面设计

01 打开光盘中的素材，如图2-454所示。背景图形位于"图层1"中，人物图形位于"图层2"中，如图2-455所示。

图 2-454　　　　图 2-455

02 单击 按钮，新建"图层3"，用于制作文本绕图，如图2-456所示。使用"钢笔工具"，基于人物的外形轮廓绘制剪影图形，如图2-457所示。

图 2-456　　　　图 2-457

03 选择"文字工具" ，在"字符"面板中设置字体、大小和行间距，如图2-458所示，在画面右侧单击拖曳鼠标，创建文本框，如图2-459所示。

图 2-458　　　　图 2-459

04 释放鼠标后，在文本框中输入文字，按下Esc键结束文本的输入状态，效果如图2-460所示。使用"选择工具" 选取文本，按快捷键Ctrl+[，将其移动到人物轮廓图形的后面，按住Shift键并单击人物轮廓图形，将文本与人物轮廓图形同时选取，如图2-461所示。

图 2-460　　　　图 2-461

05 执行"对象>文本绕排>建立"命令，创建文本绕排，如图2-462所示。在空白处单击鼠标，取消当前的选中状态。在文本上单击将其选中，将文本移向人物，文本的排列方式也会随之改变，如图2-463所示。如果文本框右下角出现红色的⊞标记，就表示文本框中有溢出的文字，此时可以拖曳文本框上的控制点，将文本框扩大，让溢出的文本显示在画面中，如图2-464所示。在空白处单击鼠标，取消选择。

曲，如图2-469所示；继续编辑锚点，使文字产生波浪状扭曲效果，如图2-470所示。完成后的最终效果，如图2-471所示。

图2-467　　　　图2-468

图2-462　　　　图2-463

图2-469　　图2-470　　　图2-471

图2-464

2.17　实战图表：图表设计

图表可以直观地反映各种统计数据的比较结果，在工作中的应用非常广泛。

2.17.1　图表工具

07 选择"直排文字工具" ，在"字符"面板中设置字体、大小及字距，如图2-465所示，在画面中输入文字，如图2-466所示。

Illustrator 提供了9个图表工具，即柱形图工具 、堆积柱形图工具 、条形图工具 、堆积条形图工具 、折线图工具 、面积图工具 、散点图工具 、饼图工具 和雷达图工具 ，它们可以创建9种类型的图表，如图2-472所示。

图2-465　　　　　　图2-466

08 执行"对象>封套扭曲>用网格建立"命令，在打开的对话框中设置行数为4、列数为1，如图2-467所示，此时文本框周围会显示锚点，如图2-468所示；使用"直接选择工具" 拖曳右上角的锚点，对文字进行扭

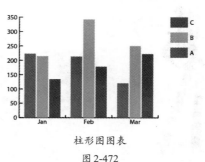

柱形图图表

图2-472

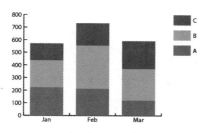

堆积柱形图图表

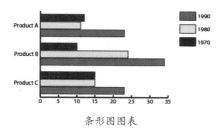

条形图图表

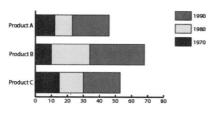

堆积条形图图表

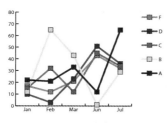

折线图图表

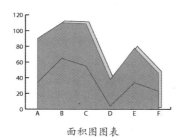

面积图图表

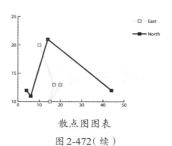

散点图图表

图 2-472（续）

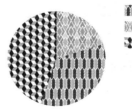

饼图图表

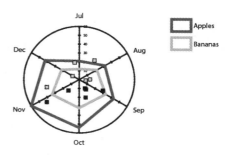

雷达图图表

图 2-472（续）

创建图表后，如图2-473所示，如果想要修改数据，可以用"选择工具" 选择图表，然后执行"对象>图表>数据"命令，打开"图表数据"对话框，输入新的数据，如图2-474所示，单击该对话框右上角的"应用"按钮 即可更新数据，如图2-475所示。

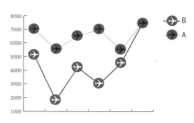

图 2-473

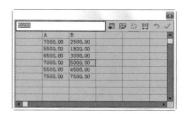

图 2-474

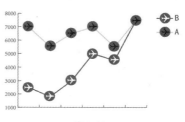

图 2-475

2.17.2 制作柱形图图表

01 新建一个A4大小的文档。选择"柱形图工具" ，在画板中单击鼠标，打开"图表"对话框，输入图表的宽度和高度，如图2-476所示，单击"确定"按钮，弹出对话框，输入数据，如图2-477所示。

图 2-476　　　　　　图 2-477

Point 在"图表"对话框中定义的尺寸是图表主要部分的尺寸，并不包括图表的标签和图例。

02 单击"应用"按钮 ✔，关闭对话框，即可按照指定的宽度和高度创建柱形图图表，如图2-478所示。

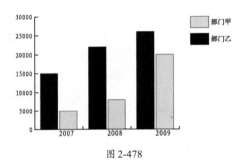

图 2-478

2.17.3 转换图表类型

01 使用"选择工具" 单击图表，按住Alt键并拖曳鼠标进行复制。

02 保持复制后的图表的选中状态，双击"柱形图工具" ，打开"图表选项"对话框，单击"折线图"按钮，如图2-479所示，关闭对话框，将其转换为折线图图表，如图2-480所示。

图 2-479

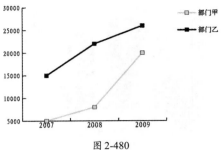

图 2-480

03 使用"编组选择工具" ，在"部门甲"的折线上单击3次，选择该组折线，如图2-481所示，将它们的描边颜色设置为黄色，如图2-482所示。

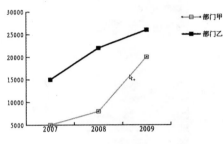

图 2-481

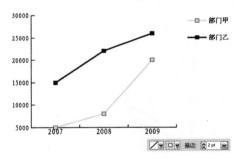

图 2-482

04 采用同样的方法，将另一组折线的颜色设置为红色，如图2-483所示。

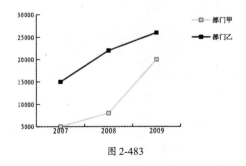

图 2-483

2.17.4 制作立体效果图表

01 使用"选择工具" ，选择并复制柱形图图表。使用"编组选择工具" 拖出一个选框，选择图表的数据图形，如图2-484所示。

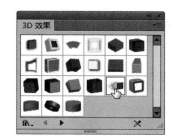

图 2-484

02 执行"窗口>图形样式库>3D效果"命令，打开该样式库，单击如图2-485所示的样式，为图表添加该样式，如图2-486所示。

图 2-485

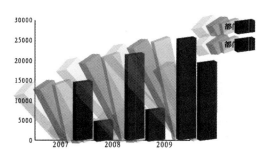

图 2-486

2.17.5 在图表中加入图形对象

01 使用"选择工具" ▶，选择并复制柱形图图表。打开光盘中的素材，如图2-487所示，选择并复制这两个手提袋，将它们粘贴到图表文档中。

图 2-487

02 使用"选择工具" ▶ 单击一个手提袋，如图2-488所示，执行"对象>图表>设计"命令，打开"图表设计"对话框，单击"新建设计"按钮，将其保存为一个新建的设计图案，如图2-489所示，单击"确定"按钮，关闭对话框。选择另一个手提袋，也将其定义为设计图案，如图2-490所示。

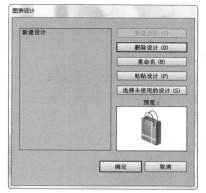

图 2-488   图 2-489

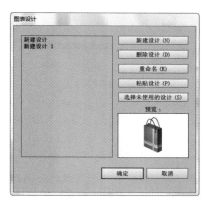

图 2-490

03 使用"编组选择工具" ▶⁺，在黑色的图表图形上单击3次，选中这组图形，如图2-491所示。执行"对象>图表>柱形图"命令，打开"图表列"对话框，单击新创建的设计图案，在"柱形图类型"选项下拉列表中选择"垂直缩放"选项，如图2-492所示，单击"确定"按钮关闭对话框，即可使用手提袋图形替换原有的图形，如图2-493所示。

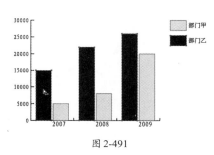

图 2-491

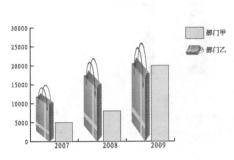

图 2-492   图 2-493

04 选择另外一组图表图形，如图2-494所示，执行"对象>图表>柱形图"命令，使用另一个手提袋替换图表图形，效果如图2-495所示。

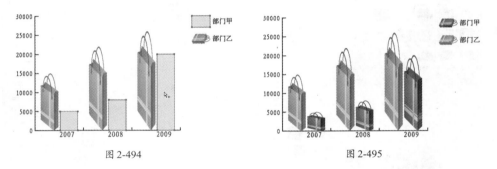

图 2-494   图 2-495

2.18 实战动画：星光大道

    Illustrator 强大的绘图功能为制作动画提供了非常便利的条件，画笔、符号和混合等都可以简化动画的制作流程。Illustrator 不仅可以制作简单的图层动画，也可以将图形保存为 GIF 或 SWF 格式，导入 Flash 中制作动画。

01 打开光盘中的素材，如图2-496所示。使用"选择工具" ▶，按住Alt键并拖曳漫画人物，沿水平方向复制，按4次快捷键Ctrl+D，复制图形，如图2-497所示。当前的漫画人物总数为6个。

图 2-496   图 2-497

02 使用"椭圆工具" ⬭、"多边形工具" ⬡ 在后5个卡通人上方各创建一个图形，如图2-498所示。

图 2-498

03 选择一组图形，如图2-499所示，按快捷键Alt+Ctrl+C，创建封套扭曲，即用顶层对象扭曲下方对象，如图2-500所示。其他图形也采用相同的方法创建封套扭曲，如图2-501所示。

图 2-499　　　　图 2-500　　　　　　　　　　　　　图 2-501

04 选择"矩形工具" ，在画板中单击鼠标，弹出"矩形"对话框，创建一个矩形，如图2-502和图2-503所示。使用"选择工具" ，按住Alt键并拖曳矩形，复制出5个，如图2-504所示。当前矩形的总数为6个。

图 2-502　　　　　　　图 2-503　　　　　　　　　　　　　图 2-504

05 选择第1、3、5个矩形，将填色和描边都设置为无；为第2、4、6个矩形填充渐变，再绘制几个圆形，也填充渐变，如图2-505所示。

  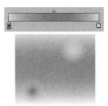

图 2-505

06 将漫画人物放在不同的背景上，如图2-506所示。选择一组漫画人和背景，如图2-507所示，按快捷键Ctrl+G编组，其他漫画人物也都与其所在的背景编组，如图2-508所示。

07 按快捷键Ctrl+A全选，单击"对齐"面板中的 按钮和 按钮，将图形全部对齐。另一个画板中有背景图形，如图2-509所示。执行"视图>智能参考线"命令，启用智能参考线，使用"选择工具" ，将选中的漫画人物移动到该背景上，如图2-510所示。智能参考线可以帮助我们进行对齐操作。

图 2-506

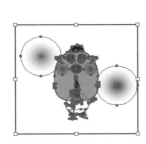   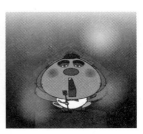

图 2-507　　　　　　图 2-508　　　　　　　图 2-509　　　　　　图 2-510

08 打开"图层"面板菜单，选择"释放到图层（顺序）"命令，将它们释放到单独的图层上，如图2-511和图2-512所示。

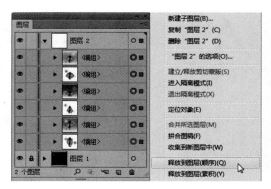

图 2-511　　　　　　　　　　　　图 2-512

09 执行"文件>导出"命令，打开"导出"对话框，在"保存类型"下拉列表中选择Flash（*.SWF）选项，如图2-513所示。单击"保存"按钮，弹出"SWF选项"对话框，在"导出为"下拉列表中选择"AI图层到SWF帧"选项，如图2-514所示。单击"高级"按钮，显示高级选项，设置帧速率为4帧/秒，勾选"循环"选项，使导出的动画能够循环播放。勾选"导出静态图层"选项，并选择"图层1"，使其作为背景出现，如图2-515所示。单击"确定"按钮导出文件。按照导出的路径，找到该文件，双击它即可播放动画，画面中的漫画人在舞台上一展歌喉，舞台灯光背景也不断变化，效果生动、有趣。

图 2-513　　　　　　　　　图 2-514　　　　　　　　　图 2-515

学习重点

● 实战：层叠字 ● 实战：路径特效字
● 实战：石刻字 ● 实战：前卫艺术涂鸦字
● 实战：画笔描边字 ● 实战：与空间结合的特效字

扫描二维码，关注李老师的个人小站，了解更多 Photoshop、Illustrator 实例和操作技巧。

第 3 章

字体设计与特效

3.1 关于字体设计

文字是人类文化的重要组成部分，也是信息传达的主要方式。字体设计以其独特的艺术感染力，广泛应用于视觉传达设计中，好的字体设计是增强视觉传达效果、提高审美价值的一种重要组成因素。

3.1.1 字体设计的原则

字体设计首先应具备易读性，即在遵循形体结构的基础上进行变化，不能随意改变字体的结构、增减笔画、随意造字，切忌为了设计而设计，文字设计的根本目的是为了更好地表达设计的主题和构想理念，不能为变而变；其次要体现艺术性，文字应做到风格统一、美观实用、创意新颖，且具有一定的艺术性；最后是要具备思想性，字体设计应从文字内容出发，能够准确地诠释文字的精神含义。

3.1.2 字体的创意方法

● 外形变化：在原字体的基础之上通过拉长或者压扁，或者根据需要进行弧形、波浪形等变化处理，以突出文字特征或内容为主要表达方式，如图 3-1 所示。

图 3-1

● 笔画变化：笔画的变化灵活多样，如在笔画的长短上变化，或者在笔画的粗细上加以变化等。笔画的变化应以副笔变化为主，主要笔画变化较少，这样可避免因繁杂而不易识别，如图 3-2 所示。

图 3-2

● 结构变化：将文字的部分笔画放大、缩小，或者改变文字的重心、移动笔画的位置，都可以使字形变得更加新颖独特，如图 3-3 和图 3-4 所示。

图 3-3

图 3-4

3.1.3 创意字体的类型

● 形象字体：将文字与图画有机结合，充分挖掘文字的含义，再采用图画的形式使字体形象化，如图 3-5 和图 3-6 所示。

图 3-5

图 3-6

● 装饰字体：装饰字体通常以基本字体为原型，采用内线、勾边、立体、平行透视等变化方法，使字体更加活泼、浪漫，富于诗情画意，如图3-7所示。

● 书法字体：书法字体美观流畅、欢快轻盈，节奏感和韵律感都很强，但易读性较差，因此只适宜在人名、地名等短句上使用，如图3-8所示。

图 3-7

图 3-8

3.2 实战：冰雕字

01 按快捷键Ctrl+N，打开"新建文档"对话框，创建一个A4大小、RGB模式的文档。选择"矩形工

具"，在画面中单击鼠标，打开"矩形"对话框，设置宽度和高度均为160mm，如图3-9所示，单击"确定"按钮，创建一个正方形，如图3-10所示。

图 3-9　　　　　　图 3-10

02 双击"渐变工具"，打开"渐变"面板，调整渐变颜色，如图3-11所示，从图形的左上角向右下角拖曳鼠标，重新填充渐变，如图3-12所示。

图 3-11　　　　　　图 3-12

03 选择"文字工具"，输入文字"冰"，如图3-13所示。按快捷键Ctrl+C复制文字。执行"窗口>图形样式库>纹理"命令，在打开的面板中单击"RGB水"样式，如图3-14所示，效果如图3-15所示。

图 3-13　　　　　　图 3-14

图 3-15

04 按快捷键Ctrl+F，将复制的文字粘贴到前面，按快捷键Shift+Ctrl+O，将文字转换为轮廓。在"渐变"面板中调整渐变颜色，如图3-16和图3-17所示。

图 3-16　　　　　　　　图 3-17

05 设置文字的混合模式为"叠加"，如图3-18和图3-19所示。

图 3-18　　　　　　　　图 3-19

06 单击"图层1"前面的 ▶ 按钮，展开图层列表，在如图3-20所示的子图层后面单击鼠标，显示 状图标，其表示已选取该层中的图形。打开"外观"面板，在如图3-21所示的"填色"属性上单击，下面对文字的填充颜色进行编辑，在"渐变"面板中调整渐变颜色，如图3-22所示，效果如图3-23所示。

图 3-20　　　　　　　　图 3-21

图 3-22　　　　　　　　图 3-23

3.3 实战：油漆字

01 选择"文字工具" **T**，在画板中输入文字。打开"字符"面板，设置字体、大小与水平缩放参数，如图3-24和图3-25所示。

图 3-24　　　　　　　　图 3-25

02 按快捷键Shift+Ctrl+O，为文字创建轮廓。打开"渐变"面板，调整渐变颜色，选择径向渐变，如图3-26和图3-27所示。

图 3-26　　　　　　　　图 3-27

03 使用"变形工具" 在文字上单击拖曳鼠标，通过涂抹呈现油漆向下流淌的效果，如图3-28所示。

图 3-28

04 执行"窗口>符号>污点矢量包"命令，打开如图3-29所示的面板，选择污点矢量包05样本，将其拖曳到画板中，放在"扰"字的右下角，并适当缩小以适合文字的大小，如图3-30所示。

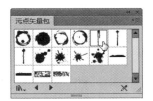

图 3-29

05 打开"符号"面板，单击该面板下方的"断开符号链接"按钮 ，将画面中的符号转换为图形。单击工具箱中的"渐变"图标 或"渐变"面板中的渐变图标，为污点图形填充渐变颜色，如图3-31所示。

图 3-30

图 3-31

06 按快捷键Ctrl+A，将文字与污点图形选中，按快捷键Ctrl+G编组。执行"效果>风格化>内发光"命令，在打开的对话框中设置参数，将发光颜色设置为浅蓝色，如图3-32所示，效果如图3-33所示。

图 3-32　　　　　图 3-33

07 选择"铅笔工具" ✏️，在油漆字上绘制高光图形，使字体呈现发亮的效果。打开光盘中的油漆桶素材，用它来烘托画面的气氛，如图3-34所示。

图 3-34

3.4　实战：玻璃字

01 选择"文字工具" **T**，在画板中输入文字，在控制面板中设置字体和大小，如图3-35所示。

02 执行"窗口>图形样式库>照亮样式"命令，打开"照亮样式"面板，选择紫色半高光样式，如图3-36和图3-37所示。

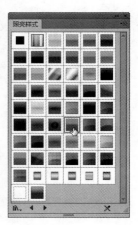

图 3-35　　　　　图 3-36

图 3-37

03 使用"选择工具" ▸，按住Alt键并将文字向左上方拖曳，进行复制，如图3-38所示。单击照亮水绿色样式，如图3-39和图3-40所示。

图 3-38　　　　　图 3-39

图 3-40

04 选取这两个文字，按快捷键Alt+Ctrl+B建立混合，如图3-41所示。双击"混合工具" ▣，在打开的对话框中设置间距为"指定的步数"，参数为10，如图3-42和图3-43所示。

图 3-41　　　　　图 3-42

图 3-43

05 使用"编组选择工具" ▶+，拖曳位于最上方的文字，使之与其他文字拉开距离，以增加玻璃字的厚度，从而产生层次感，如图3-44所示。

图 3-44

3.5 实战：塑料字

01 选择"文字工具" T，在画板中输入文字，在控制面板中设置字体及大小，如图3-45所示。按快捷键Ctrl+C进行复制，在后面的操作中会用到它。

02 执行"窗口>图形样式库>纹理"命令，在打开的面板中单击RGB玻璃样式，如图3-46和图3-47所示。

图 3-45　　　　　　　　图 3-46

图 3-47

03 现在字母边缘还不够平滑，呈锯齿状，可以通过"羽化"命令使边缘变得柔和。执行"效果>风格化>羽化"命令，在打开的对话框中设置参数为2mm，如图3-48和图3-49所示。

图 3-48

图 3-49

04 按快捷键Ctrl+F粘贴文字，设置填充颜色为粉色，如图3-50所示。

图 3-50

05 按快捷键Alt+Shift+Ctrl+E，打开"羽化"对话框，设置参数为3mm，如图3-51和图3-52所示。

图 3-51

图 3-52

06 执行"效果>风格化>内发光"命令，设置发光颜色为粉色，参数如图3-53所示。执行"效果>风格化>外发光"命令，设置参数如图3-54所示，效果如图3-55所示。

图 3-53　　　　　　　　图 3-54

图 3-55

07 设置当前文字的混合模式为"叠加"，如图3-56和图3-57所示。采用同样的方法可以制作其他颜色的文字，效果如图3-58所示。

图 3-56

图 3-57

图 3-58

3.6 实战：层叠字

01 选择"文字工具" T，在画板中输入文字，打开"字符"面板，设置字体和大小，将水平缩放参数设置为50%，字距设置为-150，如图3-59和图3-60所示。

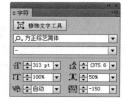

图 3-59　　　　　图 3-60

02 执行"窗口>色板库>图案>基本图形>基本图形_点"命令，在打开的面板中选择如图3-61所示的图案，对文字进行填充。在控制面板中设置描边粗细为3pt，如图3-62所示。

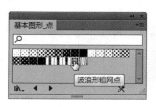

图 3-61　　　　　图 3-62

03 保持文字的选中状态，单击鼠标右键，打开快捷菜单，选择"变换>缩放"命令，打开"比例缩放"对话框。选中"等比"选项，设置缩放参数为60%，将对话框下方的4个选项全部选中，使缩放针对文字大小、图案填充和描边都起作用，单击"复制"按钮进行复制，如图3-63和图3-64所示。

图 3-63　　　　　　　　图 3-64

04 此时对象自动处于选中状态。再次执行"缩放"命令，设置缩放参数为30%，单击"复制"按钮，再复制生成一个更小的文字，如图3-65和图3-66所示。采用同样的方法缩放并复制出一个更小的文字，如图3-67所示。

图 3-65　　　　　　　　图 3-66

图 3-67

05 按快捷键Ctrl+A，选取所有文字，按快捷键Alt+Ctrl+B建立混合。双击"混合工具" ，修改混合步数为60，如图3-68和图3-69所示。

图 3-68   图 3-69

图 3-73   图 3-74

06 执行"对象>混合>反向堆叠"命令，将最大的字调整到前面，效果如图3-70所示。

图 3-70

07 使用"编组选择工具" ▶⁺，在最前面的大字上单击鼠标，将其选取，单击鼠标右键，打开快捷菜单，选择"变换>缩放"命令，打开"比例缩放"对话框，取消选中"比例缩放描边和效果"和"变换对象"选项，仅选择"变换图案"选项，这样可以保证文字的大小和描边不变，仅缩小内部填充的图案，如图3-71和图3-72所示。

图 3-75

09 创建一个矩形。按快捷键Shift+Ctrl+[，将矩形移至底层，双击"渐变工具" ▨，打开"渐变"面板调整颜色，如图3-76所示，在矩形上单击拖曳鼠标填充线性渐变，效果如图3-77所示。

图 3-71   图 3-72

08 单击"图层"面板中的 ▶ 按钮，展开"图层1"，在如图3-73所示的火车层后面单击鼠标，选取该层中的文字，在工具选项栏中可以看到它的描边粗细为1.08pt，如图3-74所示，单击 ▼ 按钮，在打开的下拉列表中选择0.5pt选项，将描边调细，使文字的混合效果更有层次感，如图3-75所示。

图 3-76

图 3-77

3.7 实战：阶梯字

01 选择"文字工具" **T**，在工具选项栏中选择一种字体，设置大小和颜色，在画板中输入文字，如图3-78和图3-79所示。

图 3-78

图 3-79

02 保持文字的选中状态，使用"倾斜工具" **矛** 在远离文字处单击拖曳鼠标，对文字进行倾斜处理，如图3-80所示。使用"选择工具" **▶** 拖曳定界框，旋转文字，如图3-81所示。

图 3-80   图 3-81

03 使用"文字工具" **T** 创建一个相同字体但不同颜色的文字，如图3-82所示，采用同样的方法将它调整为如图3-83所示的形状。

图 3-82   图 3-83

04 将这个文字放在"构"字的下面，使用"选择工具" **▶** 将它们同时选中，如图3-84所示。按住Alt键并向右侧拖曳鼠标进行复制，如图3-85所示。按快捷键Ctrl+D，再次复制，如图3-86所示。

图 3-84   图 3-85

图 3-86

05 按快捷键Ctrl+A，选择所有文字，按住Alt键并向下方拖曳进行复制，如图3-87所示。连按两次快捷键Ctrl+D，再次复制，如图3-88所示。

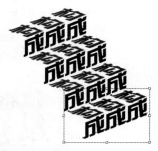

图 3-87   图 3-88

06 选择"矩形网格工具" **▦**，在画板中单击鼠标，打开"矩形网格工具选项"对话框，设置参数如图3-89所示，创建一个矩形网格。按快捷键Shift+Ctrl+[，将网格移动到文字下面，如图3-90所示。

图 3-89

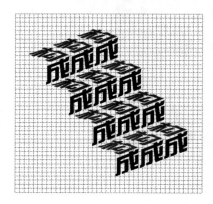

图 3-90

3.8 实战：立体字

01 打开光盘中的素材，如图3-91所示。

图3-91

02 选择文字图形。选中"自由变换工具" ，此时会显示一个窗口，其中包含了可以在所选对象上执行的操作，如透视扭曲、自由扭曲等，单击"自由扭曲"按钮 ，如图3-92所示。将光标移至定界框右上角的控制点上，单击拖曳鼠标进行变形处理，如图3-93所示。拖曳定界框左上角的控制点，如图3-94所示。

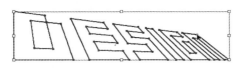

图3-92   图3-93

图3-94

03 继续调整文字，如图3-95所示，再将它旋转，如图3-96所示。

图3-95

图3-96

04 使用"选择工具" ，按住Shift+Alt键并垂直向上拖曳文字，进行复制（按住Shift键可以让图形沿垂直方向移动）。单击拖曳出一个矩形框，选择这两个文字，如图3-97所示，按快捷键Alt+Ctrl+B创建混合，如图3-98所示。

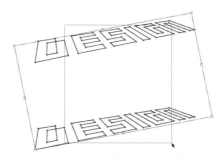

图3-97

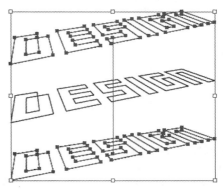

图3-98

05 双击"混合工具" ，打开"混合选项"对话框，在"间距"下拉列表中选择"指定的步数"，设置参数为70，如图3-99和图3-100所示。

图3-99   图3-100

06 最后可以制作天空和道路，作为背景。打开光盘中的素材，添加一对卡通小人放在文字前方，如图3-101所示。

图3-101

3.9 实战：海报字

01 选择"文字工具" T，在画板中输入文字（光盘中提供了文字素材），在控制面板中设置字体及大小，如图3-102所示。

图 3-102

02 按快捷键Shift+Ctrl+O，将文字转换为轮廓，如图3-103所示。按快捷键Shift+Ctrl+G，取消编组。使用"选择工具" 选取H，如图3-104所示，拖曳定界框的一角，将文字放大，如图3-105所示。

图 3-103　　　　　　图 3-104

图 3-105

03 调整其他字母的大小和位置，如图3-106所示。打开"渐变"面板，设置类型为"径向"，调整渐变颜色，如图3-107所示。设置文字的描边粗细为2pt，效果如图3-108所示。

图 3-106　　　　　　图 3-107

图 3-108

04 保持文字的选中状态，打开"外观"面板，可以看到文字所具有的填色与描边属性，如图3-109所示，在"描边"属性上单击，如图3-110所示。

图 3-109　　　　　　图 3-110

05 执行"效果>扭曲和变换>粗糙化"命令，在打开的对话框中设置参数，如图3-111所示，单击"确定"按钮。在"外观"面板中单击"描边"属性前面的 ▶ 图标，展开列表，可以看到"粗糙化"效果位于"描边"属性中，如图3-112所示，文字效果如图3-113所示。

图 3-111

图 3-112　　　　　　图 3-113

06 选择"描边"属性，单击面板下方的"复制所选项目"按钮 ，复制该属性，如图3-114所示。将"描边"属性拖曳到"填色"属性下方，单击 ▼ 图标，在打开的列表中选择10pt，如图3-115和图3-116所示。

图 3-114　　　　　　图 3-115

图 3-116

07 加入光盘中的图形元素作为装饰物。选取单独的字母，填充黄色渐变，使文字色彩鲜亮、变化丰富，效果如图3-117所示。该图形可用作T恤衫的图案，如图3-118所示。

图 3-117

图 3-118

3.10 实战：线绳字

01 使用"铅笔工具" ✎ 在画面上绘制文字web，设置描边颜色为橘黄色，描边粗细为20pt，如图3-119所示。执行"对象>路径>轮廓化描边"命令，将路径转换为轮廓，如图3-120所示。

图 3-119   图 3-120

Point 双击"铅笔工具" ✎，在打开的"铅笔工具选项"对话框中勾选"保持选定"和"编辑所选路径"选项，可以在绘制路径时随时对路径进行修改。

02 打开"外观"面板，选中"填色"属性，再单击面板下方的 *fx* 按钮，在打开的菜单中选择"风格化>涂抹"命令，如图3-121所示，打开"涂抹选项"对话框并设置参数，如图3-122和图3-123所示。

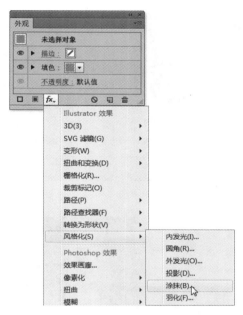

图 3-121

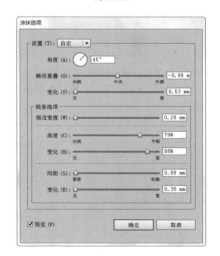

图 3-122

图 3-123

03 在"外观"面板中可以看到，"涂抹"效果位于"填色"属性内，如图3-124所示，选择"填色"属性，单击面板下方的 按钮进行复制，如图3-125所示。此时文字具有双重填色属性，我们要对一个填色属性进行调整，包括它的颜色及"涂抹"效果的参数，以便使纹理的变化更加丰富。单击"填色"属性右侧的 按钮，打开"色板"面板，选取红色，如图3-126所示。

图 3-124

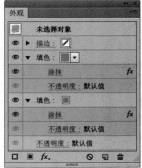
图 3-125

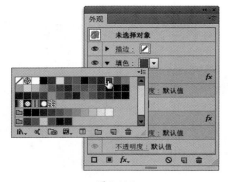
图 3-126

04 双击红色填色属性列表内的"涂抹"属性，在打开的"涂抹选项"对话框中调整参数，如图3-127所示，使线条产生变化，效果如图3-128所示。

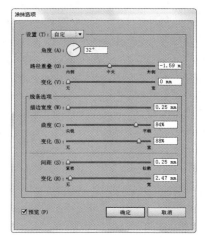
图 3-127

图 3-128

3.11 实战：橡胶字

3.11.1 文字的涂鸦效果

01 使用"文字工具" **T** 输入文字，在控制面板中设置字体为Arial Black，大小为88pt，如图3-129所示。按快捷键Shift+Ctrl+O，将文字转化为轮廓，如图3-130所示。

PHOTO
图 3-129

PHOTO
图 3-130

02 双击"变形工具" ，在打开的对话框中设置画笔的尺寸和强度，如图3-131所示。在文字上单击拖曳鼠标，进行变形处理，如图3-132和图3-133所示。

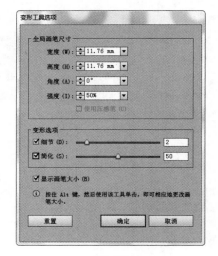
图 3-131

PHOTO
图 3-132

图 3-133

03 将文字的填充颜色设置为橙色。执行"效果>风格化>外发光"命令，在打开的对话框中设置发光颜色（深橘红色）和参数，如图3-134和图3-135所示。

图 3-134

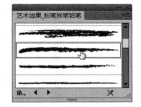

图 3-135

3.11.2 边缘粗糙化

01 执行"窗口>画笔库>艺术效果>艺术效果_粉笔炭笔铅笔"命令，在打开的面板中选择"炭笔1"，如图3-136所示。按下X键，将描边切换为当前编辑状态，设置描边颜色为白色，如图3-137所示。

图 3-136

图 3-137

02 执行"效果>风格化>内发光"命令，设置参数如图3-138所示，效果如图3-139所示。

图 3-138

图 3-139

3.12 实战：石刻字

01 按快捷键Ctrl+N，打开"新建文档"对话框，新建一个A4大小、CMYK模式的文档。执行"文件>置入"命令，选择光盘中的素材，取消选中"链接"选项，单击"置入"按钮，将图像嵌入当前文档中，如图3-140和图3-141所示。

图 3-140　　　　　　　　图 3-141

02 使用"选择工具" ▶ 拖曳定界框，将图像放大至整个画面，如图3-142所示。

03 使用"文字工具" T 输入文字，在控制面板中设置字体为Tekton Pro，大小为180pt，如图3-143所示。如果没有这种字体，可以使用光盘中的文字素材进行操作。

图 3-142　　　　　　　　图 3-143

04 按快捷键Shift+Ctrl+O，将文字转换为轮廓，如图3-144所示。将填充颜色设置为无，描边颜色为白色，描边宽度为5pt，如图3-145所示。

图 3-144　　　　　　　　图 3-145

05 执行"效果>风格化>涂抹"命令，打开"涂抹选项"对话框并调整参数，使原来光滑的笔画变得像手绘涂鸦效果一样，如图3-146和图3-147所示。

图 3-146　　　　　　　　图 3-147

06 在"透明度"面板中设置"不透明度"为40%，如图3-148和图3-149所示。

图 3-148　　　　　　　　图 3-149

07 按快捷键Ctrl+C复制文字，按快捷键Ctrl+F，将其粘贴在前面，如图3-150所示。单击"色板"面板中的深棕色，修改描边颜色，如图3-151和图3-152所示。

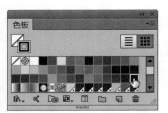

图 3-150　　　　　　　　图 3-151

图 3-152

08 保持文字的选中状态，按4次↑键，向上移动文字，使之与底层的文字形成错位，产生视觉上的浅浮雕效果，如图3-153所示。复制当前文字，按快捷键Ctrl+F，将其粘贴在前面，如图3-154所示。

图 3-153　　　　　　　　图 3-154

09 打开"外观"面板，双击"涂抹"属性，如图3-155所示，打开"涂抹选项"对话框，将参数调小，使笔画变细，如图3-156和图3-157所示。

图 3-155

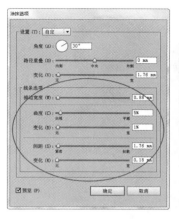

图 3-156　　　　　　　　图 3-157

10 设置混合模式为"正片叠底"，"不透明度"为30%，如图3-158和图3-159所示。

图 3-158　　　　　　　　图 3-159

11 再次复制并粘贴当前文字。双击"外观"面板中的"涂抹"属性，在打开的对话框中将"角度"设置为155°，如图3-160和图3-161所示。

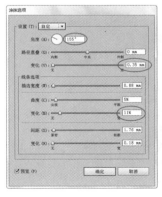

图 3-160　　　　　　　　图 3-161

12 现在文字已经初步具备了石刻的效果，再重复上一步操作，为石刻字增加一些细纹，然后调整参数，使线条的反差不会太大，如图3-162和图3-163所示。

图 3-162　　　　　　　　图 3-163

13 再次复制并粘贴当前文字。选择"外观"面板中的"涂抹"属性，单击面板底部的 🗑 按钮，如图3-164所示，删除该属性，如图3-165所示。将描边宽度设置为2pt，使石刻字具有深度感，如图3-166所示。

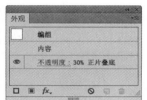

图 3-164　　　　　　　　图 3-165

图 3-166

14 选择"文字工具" T ，输入文字。打开"字符"面板，设置字体和大小，如图3-167和图3-168所示。在画面其他位置输入不同的文字内容，使版面的文字富有变化，如图3-169所示。

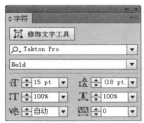

图 3-167　　　　　　　　图 3-168

图 3-169

3.13 实战：画笔描边字

01 打开光盘中的素材，如图3-170所示。

02 在控制面板中单击画笔列表右侧的 ▼ 按钮，打开面板，选择"锥形描边"画笔，设置描边粗细为3pt，如图3-171所示。选择"画笔工具" ，单击拖曳鼠标，绘制如图3-172所示的路径。

图 3-170

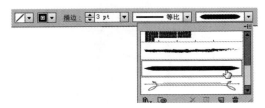

图 3-171

图 3-172

03 再添加一笔，组成数字2，如图3-173所示。在数字2的左上角绘制一条细小的笔画，设置描边为0.5pt，如图3-174所示。在画面右侧绘制圆形路径，使图形与路径形成数字2010，如图3-175所示。

图 3-173　　　　　图 3-174

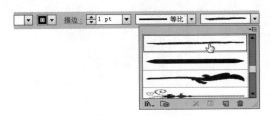

图 3-175

04 选择"炭笔"，设置描边粗细为1pt，如图3-176所示，在画面上方书写文字，如图3-177所示。

图 3-176

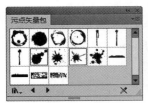

图 3-177

05 执行"窗口>符号库>污点矢量包"命令，在打开的面板中选择08、10符号样本，如图3-178所示，将它们拖曳到画板中，并适当调整大小和角度，作为数字的装饰墨点，如图3-179所示。

图 3-178　　　　　图 3-179

06 可以尝试使用其他样式的画笔来表现数字，使数字呈现不同的风格。例如，选择数字路径，执行"窗口>画笔库>边框>边框_几何图形"命令，在打开的面板中选择如图3-180所示的画笔，可以使数字带有图案，如图3-181所示。需要注意的是，由于花纹画笔较粗，在应用到路径时，需要调整数字路径的描边粗细，如应用了"几何图形8"画笔时，数字的描边粗细为1pt，英文小字的描边粗细为0.5pt。

图 3-180　　　　　　图 3-181

07 执行"窗口>画笔库>边框>新奇"命令，在打开的面板中选择"桂冠"，如图3-182所示。将英文小字的描边粗细设置为0.25pt，可得到如图3-183所示的效果。执行"窗口>画笔库>装饰>典雅的卷曲和花形画笔组"命令，在打开的面板中选择"城市"，如图3-184所示，设置数字的描边粗细为0.25pt，英文的描边粗细为0.07pt，可得到如图3-185所示的效果。

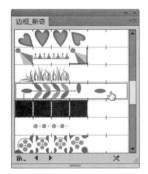

图 3-182　　　　　　图 3-183

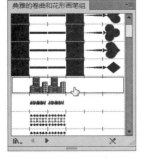

图 3-184　　　　　　图 3-185

3.14 实战：路径特效字

01 新建一个A4大小的文件。选择"画笔工具"，执行"窗口>画笔库>艺术效果>艺术效果_油墨"命令，打开该画笔库。选择如图3-186所示的画笔，绘制一条路径，如图3-187所示（蓝色部分是路径，黑色部分是画笔描边）。

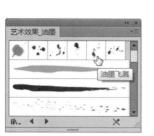

图 3-186　　　　　　图 3-187

02 选择"书法1"画笔，如图3-188所示，再绘制一条路径，如图3-189所示。

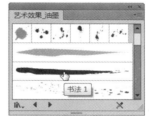

图 3-188　　　　　　图 3-189

03 修改描边颜色，再绘制几条路径，如图3-190所示。选择如图3-191所示的画笔，绘制一条路径，组成一个眼睛状图形，如图3-192所示。

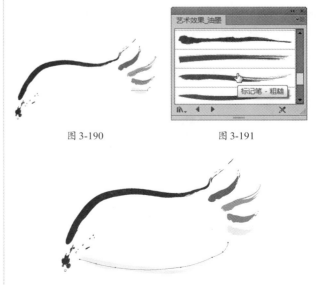

图 3-190　　　　　　图 3-191

图 3-192

04 在"图层"面板中新建"图层2"。用"钢笔工具" 绘制数字2，使用"选择工具" ，按住Alt键并向右侧拖曳鼠标进行复制。用"椭圆工具" 创建一个圆形，用"直线段工具" 创建一条线段，它们组成数字2012，设置描边颜色为灰色，如图3-193所示。将"图层2"拖曳到"创建新图层"按钮 上进行复制，得到"图层2 复制"。在如图3-194所示的位置单击鼠标，将"图层2"锁定，这样使用"图层2复制"中的图形创建路径文字时，就不会受到"图层2"的影响了。

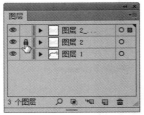

图 3-193　　　　　　　　图 3-194

05 用"选择工具" 选择路径2，选择"路径文字工具" ，将光标放在路径上，光标变为 形状时单击鼠标，然后输入文字2012，从而创建路径文字，如图3-195所示。将光标放在最前面的文字上，单击拖曳鼠标，选择文字，如图3-196所示，在控制面板中修改所选字符的颜色，如图3-197所示。采用同样的方法修改其他文字的颜色，如图3-198所示。

图 3-195　　　　　　　　图 3-196

图 3-197　　　　　　　　图 3-198

06 在其他路径上创建路径文字，方法与文字2相同，如图3-199所示。

图 3-199

3.15 实战：透明变形字

3.15.1 边缘的虚化效果

01 打开光盘中的素材，如图3-200所示。

图 3-200

02 使用"选择工具" 单击文字，执行"效果>风格化>内发光"命令，在打开的对话框中设置参数，如图3-201所示，效果如图3-202所示。

图 3-201　　　　　　　　图 3-202

03 执行"效果>风格化>投影"命令，为文字添加投影效果，如图3-203和图3-204所示。

图 3-203　　　　　　　　图 3-204

3.15.2 收缩文字

01 双击"缩拢工具"，打开"收缩工具选项"对话框，设置参数如图3-205所示。

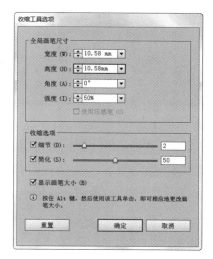

图 3-205

02 使用"缩拢工具"在文字上单击，对文字进行收缩处理，如图3-206和图3-207所示。

图 3-206

图 3-207

03 在"透明度"面板中设置混合模式为"正片叠底"，使文字产生透明效果，如图3-208和图3-209所示。

图 3-208

图 3-209

3.16 实战：艺术图形字

3.16.1 制作立体文字

01 新建一个大小为185mm×185mm、CMYK模式的文件。用"矩形工具"创建一个与画板大小相同的矩形，填充黑色，无描边。新建一个图层，如图3-210所示，用"文字工具"输入文字，填充白色，无描边，如图3-211所示。

图 3-210

图 3-211

02 执行"效果>3D>凸出和斜角"命令，在打开的对话框中单击"新建光源"按钮，添加一个光源，调整光源和效果参数，如图3-212和图3-213所示。

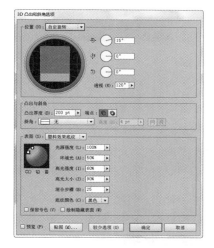

图 3-212

图 3-213

3.16.2 制作背景

01 锁定"图层2"，选择"图层1"。使用"螺旋线工具"  绘制螺旋线（按下Ctrl键可调整螺旋线的紧密程度，按下↑键可增加圈数），如图3-214所示。复制螺旋线，调整大小和角度，如图3-215所示。

图3-214

图3-215

02 创建一个白色的椭圆形，如图3-216所示。执行"效果>风格化>投影"命令，设置参数如图3-217所示。复制该图形，将填充颜色设置为青蓝色，如图3-218所示。

图3-216　　　　　　　图3-217

图3-218

03 继续复制图形，并调整大小和填充颜色，如图3-219和图3-220所示。

图3-219　　　　　　　图3-220

04 单击"符号"面板底部的  按钮，选择"复古"命令，打开该符号库。选择"旭日东升"符号，如图3-221所示，将其拖曳到画板中，如图3-222所示。

图3-221　　　　　　　图3-222

05 将填充颜色设置为白色。使用"符号着色器工具"  在符号上单击，使符号变为白色，如图3-223所示。在"图层"面板中，将"符号组"拖曳到螺旋线所在的"路径"图层的上方，如图3-224和图3-225所示。

图3-223　　　　　　　图3-224

图3-225

06 将"符号"面板中的"蝴蝶"、"旭日东升"和"心形"符号拖曳到画板中，用来装饰画面，如图3-226所示。用"铅笔工具"  绘制文字的投影，如图3-227所

示。执行"效果>风格化>羽化"命令，设置羽化半径为8mm，如图3-228所示。

图3-226　　　　　　　　图3-227

图3-228

07 设置投影的不透明度为70%，如图3-229和图3-230所示。

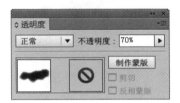

图3-229

图3-230

3.17 实战：前卫艺术涂鸦字

3.17.1 文字图形化

01 选择"钢笔工具" ，绘制一个闭合式路径，如图3-231所示。按住Ctrl键并在画面空白处单击鼠标，结

束绘制。在该图形右侧绘制一个接近半圆的路径图形，如图3-232所示，它们共同组成"幻"字。

图3-231　　　　　　　　图3-232

02 "象"字分4个部分来绘制，先绘制一个像"山"一样的图形，如图3-233所示，再将"日"字以圆形路径勾勒，与一撇连在一起，形成一个流畅的弧线，其他笔画则因势利导，依次绘制，线条看起来要有流动感，如图3-234和图3-235所示。

图3-233　　　　　　　　图3-234

图3-235

03 按快捷键Ctrl+A，选取所有图形，按快捷键Ctrl+G编组。执行"窗口>色板库>渐变>蜡笔"命令，载入该色板库，单击如图3-236所示的色板，为图形填充渐变颜色，如图3-237所示。

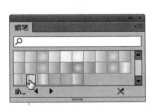

图3-236　　　　　　　　图3-237

04 按X键，切换到描边编辑状态，单击"色板"面板中的棕色，如图3-238所示，将描边颜色设置为棕色，如图3-239所示。

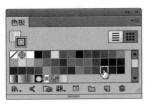

图 3-238 　　　　　　　　　图 3-239

3.17.2 制作绚丽的描边效果

01 按快捷键Ctrl+C复制图形，按快捷键Ctrl+B，将其粘贴到后面，下面用这个图形制作描边效果。打开"描边"面板，设置描边粗细为11pt，分别单击"平头端点"按钮 和"斜接连接"按钮 ，如图3-240和图3-241所示。

图 3-240 　　　　　　　　　图 3-241

02 执行"对象>路径>轮廓化描边"命令，将描边转换为图形，如图3-242所示。

03 按X键，切换到填色编辑状态。执行"窗口>色板库>渐变>季节"命令，载入该色板库，单击如图3-243所示的色板，为图形填充渐变颜色，如图3-244所示。

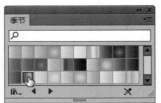

图 3-242 　　　　　　　　　图 3-243

图 3-244

04 再次按快捷键Ctrl+B粘贴图形，该图形将位于底层，设置描边粗细为40pt，如图3-245和图3-246所示。

图 3-245 　　　　　　　　　图 3-246

05 执行"对象>路径>轮廓化描边"命令，将描边转换为图形，如图3-247所示。

图 3-247

06 单击"季节"面板中的渐变色，如图3-248所示，为图形填充渐变颜色，如图3-249所示。

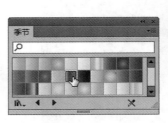

图 3-248 　　　　　　　　　图 3-249

07 单击"色板"描边中的棕色，将描边颜色设置为棕色，再设置描边粗细为3pt，如图3-250所示。

图 3-250

08 使用"矩形工具" 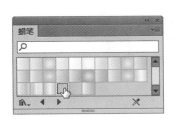 绘制一个矩形，按快捷键 Shift+Ctrl+[，将其移至底层。单击"蜡笔"面板中的渐变色，为其填充渐变颜色，如图3-251和图3-252所示。

图 3-251　　　　　图 3-252

09 打开"渐变"面板，设置渐变角度为90°，改变渐变的方向，如图3-253和图3-254所示。该图形可以作为T恤的图案，具有很强的装饰性，如图3-255所示。

图 3-253　　　　　图 3-254

图 3-255

3.18　实战：3D空间立体字

3.18.1　制作彩色积木字

01 使用"文字工具" T 输入文字，在控制面板中设置字体为Courier New，大小为280pt，如图3-256所示

（光盘中提供了文字素材）。按快捷键Shift+Ctrl+O，将文字转换为轮廓，如图3-257所示。

图 3-256

图 3-257

02 使用"编组选择工具"  选取字母L，修改填充颜色为浅蓝色，如图3-258所示，依次选取其他字母，填充不同的颜色，如图3-259所示。

图 3-258

图 3-259

03 按快捷键Ctrl+A全选，执行"效果>3D>凸出和斜角"命令，在打开的对话框中设置参数，如图3-260和图3-261所示。

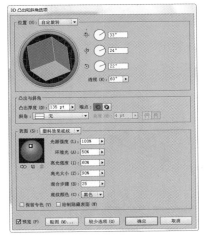

图 3-260

图3-261

04 拖曳光源预览框中的光源图标，将其向上移动，如图3-262和图3-263所示。

图3-262

图3-263

05 单击"新建光源"按钮，再添加一个光源，使字母变亮，如图3-264和图3-265所示。

图3-264

图3-265

3.18.2 使文字更具装饰性

01 执行"视图>智能参考线"命令，在窗口中显示智能参考线，它可以辅助我们编辑图形。使用"直接选择

工具"，将光标放在字母i上，该字母的轮廓线会呈高亮显示，如图3-266所示，将光标移向字母上方的路径，单击鼠标选取路径，如图3-267所示。

图3-266

图3-267

02 沿垂直方向向上拖曳鼠标，将路径延展，如图3-268所示。将光标移向字母k，同样会有高亮的轮廓显示，如图3-269所示。

图3-268

图3-269

 Point 移动图形、锚点或路径时按住Shift键，可以保证对象沿垂直、水平或45°方向移动。

03 选取最上方的路径，沿垂直方向向上拖曳鼠标，延展路径，如图3-270所示。选取最下方的路径，向下拖曳鼠标，如图3-271所示，通过调整可以使文字更具装饰性。

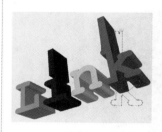

图3-270

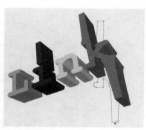

图3-271

04 使用"编组选择工具"选取字母L，如图3-272所示，将其向上、向右移动，改变位置以缩小字母间距，如图3-273所示。再调整一下字母n和k的位置，如图3-274所示。

图3-272

图3-273

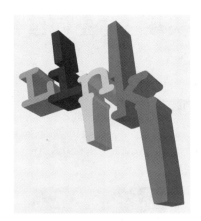

图 3-274

3.18.3 制作缤纷的空间效果

01 按快捷键Ctrl+A全选，按快捷键Ctrl+C复制，按快捷键Ctrl+F，将其粘贴在前面。在"透明度"面板中设置混合模式为"正片叠底"，让立体字的色调变深，如图3-275和图3-276所示。

图 3-275   图 3-276

02 打开光盘中的素材，这是一个分层的素材文件，黑色背景与光束图形位于"图层1"，花纹与光点图形位于"图层2"，如图3-277和图3-278所示。

 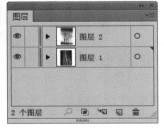

图 3-277   图 3-278

03 在"图层1"后面单击鼠标，显示▓状图标，如图3-279所示，这表示已选取图层中的所有对象，按快捷键Ctrl+C复制，按快捷键Ctrl+Tab，切换到立体字文档中，按快捷键Ctrl+B，将其粘贴在后面，作为立体字的背景，使画面更具视觉冲击力，如图3-280所示。

图 3-279   图 3-280

04 使用"铅笔工具" ✏ 绘制一个上宽下窄的图形，单击"色板"面板中的"渐黑"色板，为其填充渐变颜色，此时呈现的是黑色到透明的渐变，如图3-281和图3-282所示。连续按两次快捷键Ctrl+[，将该图形移到立体字的后面，作为投影出现，以增强空间感，如图3-283所示。

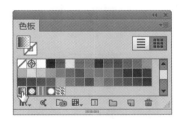

图 3-281

图 3-282   图 3-283

05 在画面右侧再绘制一个图形，填充同样的渐变颜色，如图3-284所示。将其移动到立体字的后面，如图3-285所示。

图 3-284   图 3-285

06 使用"钢笔工具" ，沿字母L的一边绘制一个闭合路径，在"渐变"面板的颜色条下方单击鼠标，添加滑块，将滑块颜色设置为白色。分别单击第2和第4个滑块，设置"不透明度"为0%，让渐变效果呈现白色与透明的交互变化，以体现立体字的高光效果，如图3-286和图3-287所示。在其他字母上也绘制高光图形，使立体效果更加生动，如图3-288所示。

图3-286 　　　　　　　图3-287

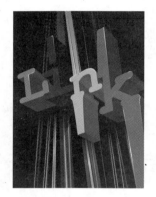

图3-288

07 按快捷键Ctrl+Tab切换到素材文档中，在"图层2"右侧单击，选中图层中的所有对象，如图3-289所示，按快捷键Ctrl+C复制，切换到立体字文档中，按快捷键Ctrl+F，将其贴在前面，使画面内容更加丰富，如图3-290所示。

图3-289 　　　　　　　图3-290

3.19　实战：与空间结合的特效字

3.19.1　制作立体字

01 新建一个大小为210mm×210mm、CMYK模式的文件。创建一个与画板大小相同的矩形，填充线性渐变，如图3-291所示。

图3-291

02 新建一个图层。使用"文字工具" T 输入文字"轮回"，如图3-292和图3-293所示。

图3-292 　　　　　　　图3-293

03 执行"效果>3D>凸出和斜角"命令，在打开的对话框中设置参数，如图3-294所示。调整光源的位置，如图3-295所示，单击 按钮，添加新光源，将其移动到对象的左下方，再单击 按钮，调整到对象的后面，如图3-296所示，效果如图3-297所示。

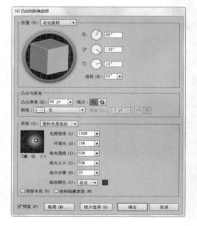

图3-294 　　　　　　　图3-295

图 3-296　　　　　　　图 3-297

04 使用"铅笔工具" ✏ 绘制如图3-298所示的投影图形，填充黑色。执行"效果>风格化>羽化"命令，对其进行羽化，如图3-299和图3-300所示。

图 3-298　　　　　　　图 3-299

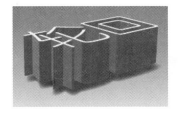

图 3-300

05 使用"钢笔工具" ✒ 在文字"回"的上面绘制一个图形，填充线性渐变，如图3-301所示。在"透明度"面板中设置混合模式为"正片叠底"、不透明度为86%。按快捷键Alt+Shift+Ctrl+E，打开"羽化"对话框，设置参数为6.4mm，效果如图3-302所示。

图 3-301　　　　　　　图 3-302

06 采用同样的方法处理文字的其他部分，使立体字的颜色呈现上浅下深的效果，如图3-303所示。

图 3-303

3.19.2 制作背景

01 锁定"图层2"，选择"图层1"，如图3-304所示。使用"钢笔工具" ✒ 绘制图形，并填充渐变，使画面产生空间感，如图3-305所示。

 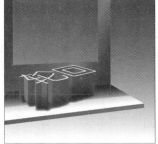

图 3-304　　　　　　　图 3-305

02 再制作一个深色图形，按快捷键Ctrl+[，将其向后移动，如图3-306所示。继续绘制图形，以表现墙面的光照效果，如图3-307所示。投影的黑色图形可添加"羽化"效果，使边缘略显柔和，如图3-308所示。

 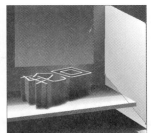

图 3-306　　　　　　　图 3-307

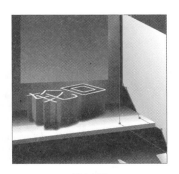

图 3-308

03 绘制圆柱体，填充线性渐变并添加"羽化"效果，如图3-309和图3-310所示。

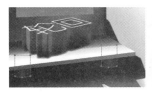 

图 3-309　　　　　　　图 3-310

04 为文字绘制一个投影，如图3-311所示，设置混合模式为"正片叠底"，不透明度为40%，并对其进行羽化（参数为8mm），如图3-312所示。

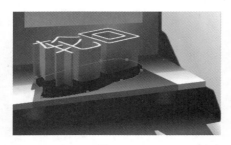

图 3-311　　　　　　　　　　　　　　　图 3-312

05 绘制矩形窗子，如图3-313所示。

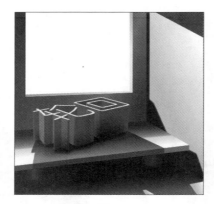

图 3-313

06 执行"窗口>符号库>自然"命令，打开该符号库，选择"蜘蛛"符号，如图3-314所示，将它拖曳到画板中。使用"直线段工具" ，按住Shift键创建一条垂直线，作为蜘蛛的丝，完成后的效果如图3-315所示。

图 3-314

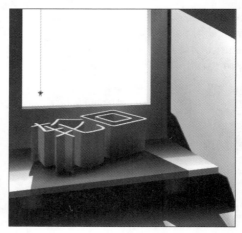

图 3-315

学习重点

●实战：水晶花纹　　　●实战：肌理效果
●实战：有机玻璃的裂痕　●实战：几何图形之间的混合
●实战：织物效果　　　●实战：不锈钢水杯

第4章

质感与纹理特效

扫描二维码，关注李老师的个人小站，了解更多 Photoshop、Illustrator 实例和操作技巧。

4.1　实战：棉布

01 打开光盘中的素材，如图4-1所示，这是一张花纹图案图片，下面在它的基础上制作布纹效果。执行"视图>智能参考线"命令，启用智能参考线，它可以辅助定位和对齐。选择"矩形工具"，将光标放在图案的左上角，对齐之后会显示提示信息，如图4-2所示，按住Shift键创建一个与图案大小相同的正方形。

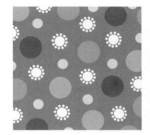 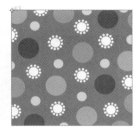

　　　图 4-1　　　　　　　　图 4-2

02 在"颜色"面板中调整颜色，如图4-3所示。在"透明度"面板中设置混合模式为"叠加"，如图4-4和图4-5所示。

　　　图 4-3　　　　　　　　图 4-4

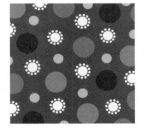

图 4-5

03 执行"效果>纹理>纹理化"命令，打开"纹理化"对话框，在"纹理"下拉列表中选择"画布"选项，设置参数如图4-6所示，效果如图4-7所示。

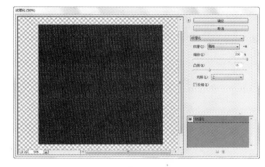

图 4-6

图 4-7

 Point　"纹理化"滤镜可以在图像中加入各种纹理，使图像呈现纹理质感。如果单击"纹理"选项右侧的按钮，选择菜单中的"载入纹理"命令，则可以载入一个PSD格式的图片作为纹理来使用。

04 按快捷键Ctrl+C复制当前图形，按快捷键Ctrl+F，将其粘贴到前面，如图4-8所示。在"颜色"面板中调整图形的填充颜色，如图4-9所示。

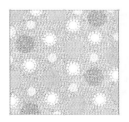 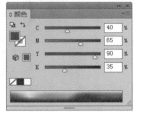

　　　图 4-8　　　　　　　　图 4-9

05 在"透明度"面板中设置混合模式为"强光"，"不透明度"为22%，效果如图4-10所示。如果想要布纹的纹理更粗一些，可以在"纹理化"对话框中将纹理设置为"粗麻布"，效果如图4-11所示。

图4-10　　　　　　图4-11

4.2　实战：呢料

01 打开光盘中的素材，如图4-12所示。

图4-12

02 选择"矩形工具"，创建一个与图案大小相同的矩形，在"颜色"面板中调整填充颜色为紫色，如图4-13所示。执行"效果>艺术效果>胶片颗粒"命令，设置参数，如图4-14所示。在"透明度"面板中设置矩形的混合模式为"强光"，如图4-15和图4-16所示。

图4-13

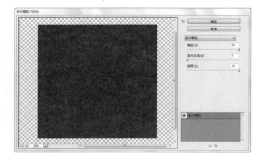

图4-14

图4-15　　　　　　图4-16

03 复制该矩形，按快捷键Ctrl+F，将其粘贴到前面，在"颜色"面板中调整颜色，如图4-17所示，在"透明度"面板中设置混合模式为"叠加"，如图4-18和图4-19所示。

图4-17　　　　　　图4-18

图4-19

4.3　实战：麻纱

01 打开光盘中的素材，如图4-20所示。

02 选择"矩形工具"，创建一个与图案大小相同的矩形。单击"色板"面板下方的按钮，打开色板库菜单，选择"渐变>中性色"命令，加载该色板库。选择如图4-21所示的渐变颜色，效果如图4-22所示。

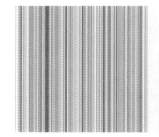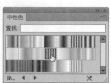

图4-20　　　　　　图4-21

图 4-22

03 执行"效果>扭曲>海洋波纹"命令，设置参数如图 4-23所示。设置该图形的混合模式为"强光"，如图 4-24和图4-25所示。

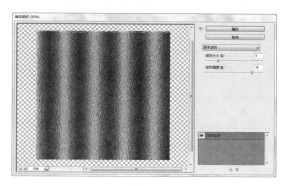

图 4-23

图 4-24 　　　　　　　图 4-25

4.4 实战：迷彩

01 新建一个文档。在"颜色"面板中调整颜色，如图 4-26所示。选择"矩形工具" ，在画板中单击鼠标，弹出"矩形"对话框，设置宽度与高度均为78mm，创建一个矩形，如图4-27和图4-28所示。

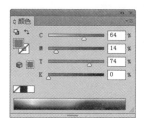 

图 4-26 　　　　　　　图 4-27

图 4-28

02 按快捷键Ctrl+C复制矩形，按快捷键Ctrl+F，将其粘贴到前面，调整填充颜色，如图4-29所示，设置描边颜色为黑色，粗细为1pt，如图4-30所示。

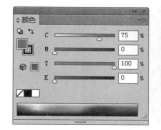 

图 4-29 　　　　　　　图 4-30

03 执行"效果>像素化>点状化"命令，将"单元格大小"设置为300，如图4-31和图4-32所示。

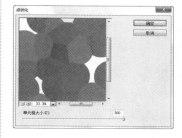 

图 4-31 　　　　　　　图 4-32

04 在"透明度"面板中设置混合模式为"正片叠底"，效果如图4-33所示。使用"铅笔工具" 绘制一些随意的图形，并填充深浅不同的颜色，如图4-34所示。

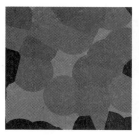 

图 4-33 　　　　　　　图 4-34

05 按快捷键Ctrl+F粘贴矩形，调整填充颜色为灰绿色。执行"效果>纹理>纹理化"命令，打开"纹理化"对话框，设置参数，如图4-35所示。在"透明度"面板中设置混合模式为"正片叠底"，效果如图4-36所示。

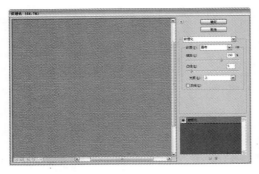

图 4-35

图 4-36

图 4-39　　　　　　　　图 4-40

图 4-41　　　　　　　　图 4-42

06 按快捷键Ctrl+F粘贴矩形。单击"图层"面板底部的 ▣ 按钮，创建剪切蒙版，将矩形以外的图形隐藏，如图4-37和图4-38所示。

图 4-37　　　　　　　　图 4-38

4.5 实战：牛仔布

01 按快捷键Ctrl+N，打开"新建文档"对话框，新建一个分辨率为72ppi、CMYK模式的文档。

02 选择"矩形工具" ▣ ，在画板中单击鼠标，打开"矩形"对话框，设置宽度与高度均为78mm，单击"确定"按钮，创建一个矩形。执行"窗口>图形样式库>纹理"命令，打开"纹理"样式库，选择如图4-39所示的样式，效果如图4-40所示。

03 保持图形的选中状态。打开"外观"面板，单击"描边"属性前面的眼睛图标 👁 ，将描边隐藏，如图4-41和图4-42所示。

04 使用"铅笔工具" ✏ 绘制一个图形，填充浅灰色，如图4-43所示。执行"效果>风格化>羽化"命令，设置羽化半径为18mm，如图4-44所示。设置图形的"不透明度"为80%，如图4-45和图4-46所示。

图 4-43　　　　　　　　图 4-44

图 4-45　　　　　　　　图 4-46

05 再创建一个同样大小的矩形，在"颜色"面板中调整颜色，如图4-47所示，设置混合模式为"叠加"。按快捷键Ctrl+[，将其向下移动一个堆叠顺序，效果如图4-48所示。

图 4-47　　　　　　　　图 4-48

06 使用"钢笔工具" ✏ 绘制褶皱，使质感看起来更加真实。为了使褶皱的边缘变得柔和，可以添加羽化效果，设置羽化半径为1mm左右，效果如图4-49所示。如果在300ppi的文档中使用相同的参数制作，则可以表现出更加细腻的纹理效果，如图4-50所示。

图 4-49　　　　　　　　图 4-50

4.6　实战：矩阵网点

01 执行"窗口>符号库>点状图案矢量包"命令，在打开的面板中选择如图4-51所示的符号，将其拖曳到画板中。使用"选择工具" ▸，按住Shift键并拖曳定界框的一角，将符号缩小，如图4-52所示。

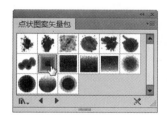

图 4-51　　　　　　　　图 4-52

02 单击"符号"面板下方的 ⟳ 按钮，断开画板中的符号与样本的链接，如图4-53所示。为图形填充橙色，如图4-54所示。

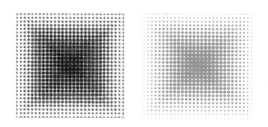

图 4-53　　　　　　　　图 4-54

03 使用"矩形工具" ▦，按住Shift键创建一个与网点图形大小相同的正方形。执行"窗口>色板>渐变>天空"命令，在打开的面板中选择如图4-55所示的色板，效果如图4-56所示。

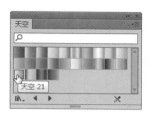

图 4-55　　　　　　　　图 4-56

04 设置图形的混合模式为"滤色"，如图4-57和图4-58所示。

图 4-57　　　　　　　　图 4-58

05 可以加载不同的渐变库，尝试填充各种渐变颜色，使图形产生多种效果，如图4-59~图4-62所示。

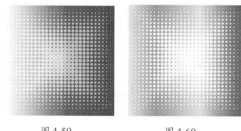

图 4-59　　　　　　　　图 4-60

图 4-61　　　　　　　　图 4-62

4.7　实战：流线网点

01 选择"矩形工具" ▦，在画板中单击鼠标，打开"矩形"对话框，设置参数，如图4-63所示，单击"确定"按钮，创建一个矩形，填充渐变颜色，如图4-64和图4-65所示。

图 4-63

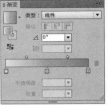

图 4-64

图 4-65

02 执行"窗口>符号库>点状图案矢量包"命令，在打开的面板中选择如图4-66所示的符号，将其拖曳到画板中。使用"选择工具" ，按住Shift键拖曳定界框的一角，将符号缩小，如图4-67所示。

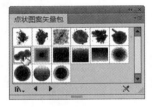

图 4-66

图 4-67

03 选取这两个图形，如图4-68所示，打开"透明度"面板，单击 按钮，打开面板菜单，选择"建立不透明蒙版"命令，如图4-69所示，将点状图案创建为蒙版，选中"反相蒙版"选项，如图4-70所示，效果如图4-71所示。

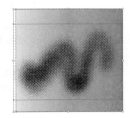

图 4-68

图 4-69

图 4-70

图 4-71

4.8 实战：金属拉丝

01 使用"矩形工具" 创建一个118mm×118mm大小的矩形，填充线性渐变，如图4-72和图4-73所示。

图 4-72

图 4-73

02 执行"效果>画笔描边>阴影线"命令，在打开的对话框中设置参数，如图4-74所示，效果如图4-75所示。

图 4-74

图 4-75

03 按快捷键Ctrl+C复制图形，按快捷键Ctrl+F，将其粘贴到前面。使用"选择工具" ，按住Shift键拖曳定界框的一角，将图形旋转90°，将原来垂直方向的纹理变为水平方向，如图4-76所示。在"透明度"面板中设置混合模式为"颜色加深"，如图4-77和图4-78所示。

图 4-76　　　　　　　图 4-77

图 4-78

4.9 实战：多彩光线

01 按快捷键Ctrl+N，打开"新建文档"对话框，在"大小"下拉列表中选择A4，在取向中单击 按钮，创建一个文档。

02 选择"矩形工具" ，在画板左上角单击鼠标，打开"矩形"对话框，设置参数，如图4-79所示，单击"确定"按钮，创建一个与画板大小相同的矩形，填充黑色。按快捷键Ctrl+2，将矩形锁定。

图 4-79

03 选择"直线工具" ，在画面右上角单击并向左侧拖曳鼠标，绘制一条直线，如图4-80所示，此时不要释放鼠标按键，按住~键，向下拖曳鼠标，自动复制生成若干条直线，如图4-81所示，注意鼠标的移动轨迹呈弯曲状，最后在画面右下角结束绘制，释放鼠标按键，此时直线处于选中状态。按快捷键Ctrl+G编组，设置直线的颜色为洋红色，描边粗细为0.5pt，如图4-82所示。

图 4-80　　　　　　　　图 4-81

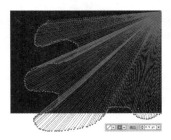

图 4-82

04 按住Ctrl键，在画面以外的区域单击鼠标，取消选取，光线效果如图4-83所示。按快捷键Ctrl+C复制当前的所有直线，按快捷键Ctrl+F，将其粘贴到前面。使用"选择工具" ，在定界框的左下角拖曳，将图形缩小，右上角位置保持不变，如图4-84所示。

图 4-83　　　　　　　　图 4-84

Point 在缩放直线时，如果描边粗细发生了变化，可以在选中直线的状态下单击鼠标右键，打开快捷菜单，选择"变换>缩放"命令，在打开的对话框中取消选中"比例缩放描边和效果"选项，使对象在缩放时，描边粗细不发生变化。

05 将直线的颜色改为黄色，如图4-85所示。按快捷键Ctrl+F，粘贴光线图形，用同样的方法将图形缩小，调整颜色为橙色，如图4-86所示。采用同样的方法制作位于最上面的白色光线图形。

06 创建一个与画板大小相同的矩形，单击"图层"面板下方的 按钮，创建剪切蒙版，将画面以外的光线遮盖，效果如图4-87所示。

图 4-85

图 4-86

图 4-87

4.10 实战：水晶花纹

01 按快捷键Ctrl+N，打开"新建文档"对话框，在"配置文件"下拉列表中选择Web选项，在"大小"下拉列表中选择800×600，创建一个RGB模式的文档。

02 执行"窗口>符号库>Web按钮和条形"命令，在打开的面板中选择如图4-88所示的符号，将其拖曳到画板中，如图4-89所示。

图 4-88

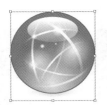

图 4-89

03 调整符号的高度，如图4-90所示。设置混合模式为"柔光"，如图4-91所示。在下面操作的过程中，图形产生交叠后会明显地看到柔光模式的效果。

图 4-90

图 4-91

04 选择"旋转工具" ，将光标放在接近符号的底边处，如图4-92所示，按住Alt键并单击鼠标，打开"旋转"对话框，设置角度为45°，单击"复制"按钮，旋转并

复制出一个符号，如图4-93和图4-94所示。

05 按快捷键Ctrl+D再次旋转并复制符号图形，组成一个完整的花朵图案，如图4-95所示。将图形全部选中，按快捷键Ctrl+G编组。

图 4-92

图 4-93

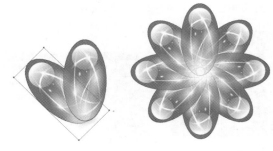

图 4-94

图 4-95

06 复制花朵图形，调整大小，并使用渐变填充的矩形作为背景，制作出不同的效果，如图4-96~图4-99所示。

图 4-96

图 4-97

图 4-98

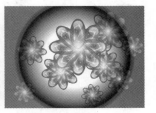

图 4-99

4.11 实战：有机玻璃的裂痕

01 打开光盘中的素材，如图4-100所示。

图4-100

图4-105 图4-106

$\mathcal{O2}$选择"刻刀工具" (使用该工具时无须选择对象)，在玻璃文字上单击拖曳鼠标，光标经过的路线即为"刻刀工具"的裁切线，如图4-101所示，裁切后的玻璃文字会产生裂纹，如图4-102所示。

图4-101 图4-102

图4-107

4.12 实战：织物效果

$\mathcal{O1}$打开光盘中的素材，如图4-108所示。

Point 裁切前对象的渐变填充角度为0°，每裁切一次，系统就会自动调整裁切后的图形的渐变角度，使之始终保持0°，因此裁切后文字的颜色会发生变化，进而生成碎玻璃般的效果。

$\mathcal{O3}$使用"刻刀工具" 分割玻璃板，如图4-103所示中的红色路径为裁切线，每条裁切线都会把玻璃板分割出一部分，形成单独的图形，如图4-104所示，它们可以单独移动。

图4-108

$\mathcal{O2}$使用"矩形工具" 创建一个矩形。按快捷键Shift+Ctrl+[，将其调整到底层。执行"窗口>图形样式库>涂抹效果"命令，打开该样式库，单击如图4-109所示的样式，效果如图4-110所示。

图4-103 图4-104

$\mathcal{O4}$文字CS是由两层文字叠加而成的，裁切之后颜色变化较大。使用"直接选择工具" ，按住Shift键并单击文字中的部分图形，按下Delete键删除，使文字的颜色变浅，如图4-105和图4-106所示。选择玻璃板边角上的图形，进行移动或删除，如图4-107所示。

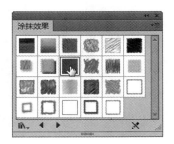

图4-109

图 4-110

03 保持矩形的选中状态。选择"刻刀工具" ，在其上面绘制一条弧线，将它分割为两个图形，弧线要穿过该图形，这样裁切后的图形都具有一个单独的样式效果，如图4-111所示。

图 4-111

04 选中左侧的半个图形。打开"外观"面板，在紫色填充属性上单击，进入填色编辑状态，如图4-112所示，将填充颜色设置为淡紫色，如图4-113和图4-114所示。

图 4-112

图 4-113

图 4-114

05 在"涂抹"属性上双击，如图4-115所示，打开"涂抹选项"对话框，将"曲度"设置为19%，增加线条转折处的弯曲程度，如图4-116和图4-117所示。

图 4-115

图 4-116

图 4-117

06 选中右侧的半个图形，按快捷键Ctrl+]，将其向前移动一个堆叠层次，如图4-118所示，为其添加"投影"效果，如图4-119和图4-120所示。

图 4-118

图 4-119

图 4-120

07 创建一个矩形，如图4-121所示，单击"图层"面板中的 按钮，创建剪切蒙版，将矩形以外的对象隐藏，如图4-122所示。

图 4-121　　　　　　　　图 4-122

4.13 实战：色肌理效果

4.13.1 修改样式颜色

01 使用"矩形工具"  创建一个矩形。执行"窗口>图形样式库>纹理"命令，打开该样式库，单击如图4-123所示的样式，为图形添加该样式，如图4-124所示。

图 4-123　　　　　　　　图 4-124

02 打开"外观"面板，单击"填色"属性，进入填色编辑状态，如图4-125所示，将填充颜色设置为黄色，如图4-126所示。

图 4-125　　　　　　　　图 4-126

03 双击"龟裂缝"属性，如图4-127所示，在打开的对话框中修改"裂缝深度"为3，如图4-128所示。"龟裂缝"效果能够以随机的方式在图像中生成龟裂纹理，并能产生立体的浮雕效果，将裂缝深度调小后，可以使颜色变得明快，如图4-129所示。

图 4-127　　　　　　　　图 4-128

图 4-129

4.13.2 图形的纹理化效果

01 打开光盘中的素材，如图4-130所示，将土著人复制并粘贴到纹理文档中，如图4-131所示。

图 4-130　　　　　　　　图 4-131

02 使用"铅笔工具" ，沿人物的轮廓绘制闭合式路径，按快捷键Ctrl+[，将图形移动到人物后面，如图4-132所示。为其添加如图4-133所示的样式，效果如图4-134所示。

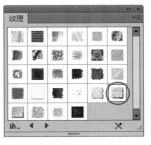

图 4-132　　　　　　　　图 4-133

图 4-134

03 保持该图形的选中状态。在"外观"面板中双击"填色"属性，如图4-135所示，打开"颜色"面板，将填充颜色设置为紫色，如图4-136和图4-137所示。

图 4-135　　　　　　图 4-136

图 4-137

04 双击"羽化"属性，如图4-138所示，在打开的对话框中增大羽化值，如图4-139和图4-140所示。

图 4-138　　　　　　图 4-139

图 4-140

4.13.3　自定义样式

01 使用"铅笔工具" 绘制一个图形，保持它的选中状态，按 I 键，切换为"吸管工具" ，在紫色纹理图形上单击鼠标，为所选路径复制该图形的属性，如图4-141所示。

图 4-141

02 双击"羽化"属性，如图4-142所示，在打开的对话框中调整参数为8mm，由于绘制的图形较小，因此要减小边缘的羽化程度，效果如图4-143所示。

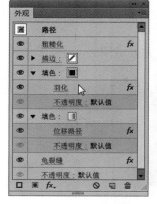

图 4-142　　　　　　图 4-143

03 单击"图形样式"面板下方的"新建图形样式"按钮 ，将该图形的效果保存在面板中，如图4-144所示。绘制其他图形，然后单击"图形样式"面板中新建的样式，为它们添加该效果，如图4-145所示。

04 使用"螺旋线工具" 绘制一些螺旋线，使用"艺术效果_粉笔炭笔铅笔"画笔库中的铅笔样本进行描边，再将素材文档中的其他图形粘贴到当前文档中，如图4-146所示。

图 4-144

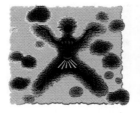 

图 4-145 　　　　　 图 4-146

4.14 实战：纷飞的蜻蜓图案

01 打开光盘中的素材，如图4-147所示。

图 4-147

02 使用"选择工具" ► 单击蜻蜓图形，选择"旋转工具" ○ ，按住Alt键并向上移动中心点，如图4-148所示，释放Alt键的同时会弹出"旋转"对话框，将旋转角度设置为90°，如图4-149所示，单击"复制"按钮，复制图形，如图4-150所示。

图 4-148 　　　　　 图 4-149

图 4-150

03 连续按两次快捷键Ctrl+D，重复复制操作，如图4-151所示。

图 4-151

04 选中所有图形，按住Shift键并拖曳控制点，将图形旋转45°，如图4-152所示，按快捷键Ctrl+G编组，完成一组蜻蜓图案的制作，如图4-153所示。

图 4-152 　　　　　 图 4-153

05 保持蜻蜓的选中状态，单击鼠标右键，打开快捷菜单，选择"变换>分别变换"命令，在打开的对话框中设置缩放参数均为165%，旋转角度为45°，单击"复制"按钮进行复制，如图4-154和图4-155所示。

图 4-154 　　　　　 图 4-155

06 连续按快捷键Ctrl+D重复变换，便可得到一个复杂的图案，如图4-156所示。

图 4-156

07 打开光盘中的素材，如图4-157所示（该花纹背景也是通过变换复制的方式创建的）。使用"选择工具" 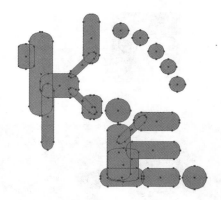 将蜻蜓拖曳到该文档中，放置在画面的中央，再复制几组蜻蜓，并适当缩小，放置在其他花朵上，如图4-158所示。

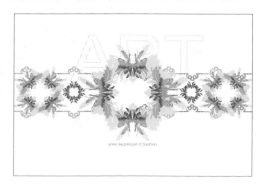

图 4-157

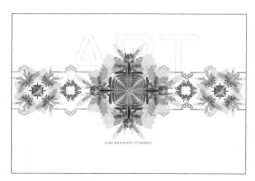

图 4-158

4.15 实战：几何图形之间的混合

01 使用"椭圆工具"  和"圆角矩形工具"  创建一些圆形和圆角矩形（按下↑、↓键可调整圆角半径），组成文字K和E，如图4-159所示。

图 4-159

02 选中重叠的图形，如图4-160所示，单击"路径查找器"面板中的 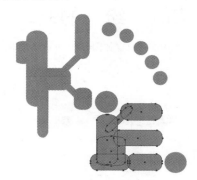 按钮，将它们合并为一个图形，如图4-161和图4-162所示。

图 4-160

图 4-161   图 4-162

03 选择另一组重叠的图形，采用同样的方法将它们合并，如图4-163和图4-164所示。

图 4-163   图 4-164

04 按快捷键Ctrl+A全选，执行"对象>路径>偏移路径"命令，打开"偏移路径"对话框，将偏移值设置为负值，使路径向内偏移，选择"圆角"选项，如图4-165所示，效果如图4-166所示。

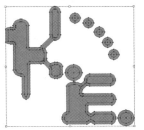

图 4-165　　　　　　　　图 4-166

05 使用"选择工具" ▶，按住Shift键单击内侧的图形，如图4-167所示，修改它们的填充颜色，如图4-168所示。用"直接选择工具" ▶ 调整锚点，修改内侧图形的形状，如图4-169所示。

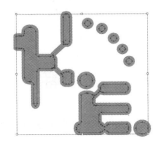

图 4-167

图 4-168　　　　　　　　图 4-169

06 按快捷键Ctrl+A全选，按快捷键Alt+Ctrl+B创建混合，双击"混合工具" ▶，在打开的对话框中修改混合步数，如图4-170和图4-171所示。

图 4-170　　　　　　　　图 4-171

07 使用"编组选择工具" ▶，双击外侧的图形，将它们选中，如图4-172所示，将粘贴的图形拖曳到该图层中，如图4-173和图4-174所示。

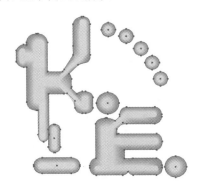

图 4-172

图 4-173　　　　　　　　图 4-174

08 执行"效果>风格化>投影"命令，添加投影，如图4-175和图4-176所示。

图 4-175　　　　　　　　图 4-176

09 将"图层1"和"图层2"锁定，新建"图层3"，如图4-177所示。使用"圆角矩形工具" ▢绘制一些图形，填充白色，作为文字图形的高光。执行"效果>风格化>羽化"命令，进行羽化，使它们的边缘变得模糊，如图4-178和图4-179所示。

图 4-177　　　　　　　　图 4-178

图 4-179

10 使用"矩形工具"创建4个矩形，填充不同的渐变，如图4-180所示。将它们拖曳到"色板"面板中，定义为图案，如图4-181所示。

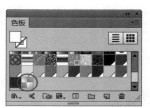

图 4-180　　　　　　　　图 4-181

11 按快捷键Ctrl+F，粘贴图形，此时会弹出如图4-182所示的对话框，单击"是"按钮，将图形粘贴到原来的图层中，并解锁该图层，如图4-183所示，再将对象移动到"图层3"中，如图4-184所示。

图 4-182

图 4-183　　　　　　　　图 4-184

12 单击"色板"面板中自定义的图案，为图形填充该图案，效果如图4-185所示。在"透明度"面板中修改混合模式为"颜色加深"，如图4-186和图4-187所示。

图 4-185　　　　　　　　图 4-186

图 4-187

4.16 实战：运动鞋

4.16.1　制作运动鞋的轮廓图形

01 新建一个大小为297mm×210mm、RGB模式的文件。选择"矩形工具"，在画板左上角单击鼠标，打开"矩形"对话框，设置参数，如图4-188所示，创建一个与画板大小相同的矩形，填充线性渐变，如图4-189所示。

图 4-188　　　　　　　　图 4-189

02 新建"图层2"，将"图层1"锁定，如图4-190所示。用"钢笔工具"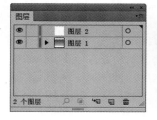绘制鞋的轮廓图形（由3部分组成），如图4-191所示。

图 4-190　　　　　　　　图 4-191

03 再绘制两条开放式路径，我们将通过它们对鞋面进行分割，需要注意的是，路径的两端应略长于鞋面图形，如图4-192所示。将鞋面图形和两条开放路径同时选中，单击"路径查找器"面板中的"分割"按钮，如图4-193所示，将鞋面图形分割为3部分，如图4-194所示。分割后的图形处于编组状态，按快捷键Shift+Ctrl+G，取消编组。

图4-192　　　　　　图4-193

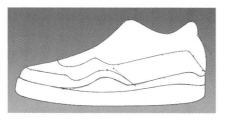

图4-194

4.16.2 表现鞋面的皮革质感

01 选中分割后的鞋面图形，填充渐变，如图4-195和图4-196所示。选择另外的鞋面图形，也填充渐变，如图4-197和图4-198所示。

图4-195　　　　　　图4-196

图4-197　　　　　　图4-198

02 选择最上面的鞋面图形，填充黑色，如图4-199所示。选择"网格工具"，在图形中单击，添加网格点，将网格点设置为白色，如图4-200所示。

图4-199　　　　　　图4-200

03 继续添加网格点，制作出鞋面的形状和明暗变化效果，如图4-201所示。按住Ctrl键，单击位于左下角和右下角的网格点，将它们选中，设置颜色为灰色，如图4-202所示。

图4-201

图4-202

4.16.3 表现橡胶质感

01 选中鞋帮图形，填充渐变，如图4-203和图4-204所示。

图4-203　　　　　　图4-204

02 执行"效果>风格化>内发光"命令，在打开的对话框中设置参数，如图4-205所示。执行"效果>纹理>纹理化"命令，在打开的对话框中设置参数，如图4-206所示，效果如图4-207所示。

图 4-205

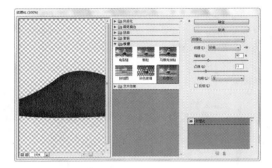

图 4-206

图 4-207

03 用"钢笔工具" ✒ 绘制鞋底的分割线，如图4-208所示。选择鞋底图形及分割线，单击"路径查找器"面板中的 ⬚ 按钮，将鞋底图形分割成两个部分。选择上面部分图形，填充线性渐变，如图4-209和图4-210所示。

图 4-208 　　　　　　　图 4-209

图 4-210

04 执行"效果>风格化>内发光"命令，设置发光颜色和参数，如图4-211所示，效果如图4-212所示。

图 4-211 　　　　　　　图 4-212

05 选择最下面的鞋底图形，按 I 键，切换为"吸管工具" ✒，在红色图形上单击，如图4-213所示，复制它的外观并应用到当前选中的图形上，如图4-214所示。

图 4-213

图 4-214

Point 　如果"吸管工具"不能拾取对象的外观样式，可以双击"吸管工具"，打开"吸管选项"对话框，在"吸管应用"选项组中选中"外观"选项即可。

06 调整渐变颜色，将原来的红色渐变调整为灰色渐变，如图4-215和图4-216所示。

图 4-215 　　　　　　　图 4-216

07 双击"外观"面板中的"内发光"属性，如图4-217所示，在打开的对话框中调整参数，如图4-218和图4-219所示。

图 4-217　　　　　　　图 4-218

图 4-219

08 在鞋帮上绘制图形和装饰物，如图4-220和图4-221所示。

图 4-220　　　　　　　图 4-221

09 在鞋前部绘制一个如图4-222所示的图形，填充线性渐变。执行"效果>风格化>羽化"命令，在打开的对话框中设置参数，如图4-223所示。

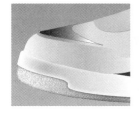

图 4-222　　　　　　　图 4-223

10 调整图形的混合模式和不透明度，如图4-224和图4-225所示。

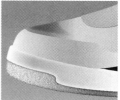

图 4-224　　　　　　　图 4-225

11 制作两个鞋舌图形，一个用"网格工具" 处理（网格点设置为灰色和白色），另一个填充线性渐变，如图4-226所示，将两个图形放在一起，如图4-227所示。

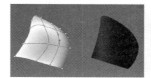

图 4-226　　　　　　　图 4-227

12 制作鞋帮图形，先为图形填充黑色，再用"网格工具" 添加一个网格点，并设置为红色，如图4-228所示。选中鞋帮与鞋舌，按快捷键Shift+Ctrl+[，将其移至底层，放在如图4-229所示的位置。

图 4-228

图 4-229

4.16.4 表现鞋的缝合线

01 在鞋的接缝处绘制两个条状图形，使用渐变颜色进行填充，以表现明暗变化，如图4-230所示。

图 4-230

02 在鞋底绘制一条开放路径，如图4-231所示，设置描边粗细为2.5pt、混合模式为"叠加"，如图4-232所示。再绘制两条路径，如图4-233所示。

图 4-231

图 4-232

图 4-233

03 单击"画笔"面板底部的 ![icon] 按钮，选择"边框>边框_虚线"命令，打开该画笔库，选择"虚线1.5"，如图4-234所示，该画笔样本会载入"画笔"面板中。双击它，如图4-235所示，打开"图案画笔选项"对话框，在"方法"下拉列表中选择"色调"选项，如图4-236所示。单击"确定"按钮，弹出一个对话框，单击"应用于描边"按钮，如图4-237所示。

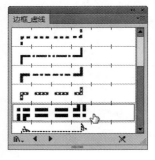

图 4-234

图 4-235

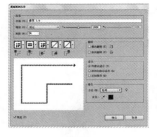

图 4-236

图 4-237

04 设置描边颜色为灰色，描边粗细为0.3pt。按快捷键Ctrl++，将窗口放大，可以看到路径上排列着双排虚线，如图4-238所示。

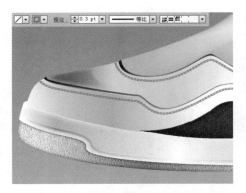

图 4-238

05 绘制一个图形，设置描边颜色为灰色，粗细为1.1pt，如图4-239所示。按住Ctrl+Alt键并拖曳该图形进行复制，将图形适当缩小，填充线性渐变，无描边颜色，如图4-240所示。

图 4-239

图 4-240

4.16.5　表现鞋的网面质感

01 将"图层2"锁定，新建"图层3"，如图4-241所示。

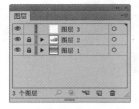

图 4-241

02 用"钢笔工具" ![icon] 绘制一个图形，作为制作网面的蒙版，它的大小决定了网面的显示范围，如图4-242所示。使用"矩形网格工具" ![icon] 创建网格图形，设置描边粗细为2.5pt，如图4-243所示。按快捷键Ctrl+[，将网格后移一层，并调整角度，如图4-244所示。

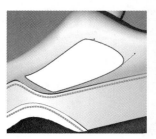

图 4-242

图 4-243

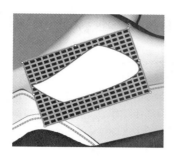

图 4-244

03 选择矩形网格和用于制作蒙版的图形，按快捷键Ctrl+7，创建剪切蒙版，如图4-245所示。在网面周围绘制路径，单击"画笔"面板中的"虚线1.5"样本，设置笔画粗细为0.3pt，表现缝合线效果，如图4-246所示。用同样的方法制作运动鞋前部的网面，网格可以细密一些，如图4-247所示。

图 4-245

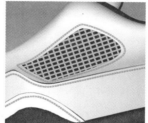

图 4-246

图 4-247

 执行"画笔"面板菜单中的"列表视图"命令，面板中会同时显示画笔缩览图和画笔的名称。

04 绘制两个图形，如图4-248所示，将它们选中，单击"路径查找器"面板中的"与形状区域相减"按钮，对大图形进行挖空，如图4-249所示。在鞋面上方绘制两个图形，填充深红色渐变，如图4-250所示。

图 4-248　　　　　　　图 4-249

图 4-250

4.16.6 表现鞋带

01 用"钢笔工具"绘制鞋带，每一条鞋带都是一个单独的路径，填充渐变，如图4-251所示。将所有鞋带图形选中，按快捷键Ctrl+G编组，按快捷键Ctrl+C复制，按快捷键Ctrl+B，将其粘贴在后面，作为鞋带的投影。将投影适当放大并向下移动，填充黑色。执行"效果>风格化>羽化"命令，添加"羽化"效果，使投影边缘变得柔和，如图4-252和图4-253所示。

图 4-251　　　　　　　图 4-252

图 4-253

02 下面来为鞋带添加纹理。按快捷键Ctrl+F，将复制的鞋带图形粘贴在前面，单击"色板"面板底部的按钮，打开菜单，选择"色板>图案>基本图形>基本图形_点"命令，打开该色板库，选择如图4-254所示的图案，鞋带效果如图4-255所示。

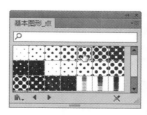

图 4-254　　　　　　　图 4-255

03 选择鞋带图形，单击鼠标右键，打开快捷菜单，选择"变换>缩放"命令，打开"比例缩放"对话框，在

"选项"设置中只选中"变换图案"选项，使缩放仅针对于图案，如图4-256所示，效果如图4-257所示。

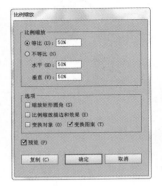

图 4-256　　　　　　　图 4-257

04 设置图案鞋带的混合模式为"叠加"，不透明度为40%，效果如图4-258所示。鞋带的图案过于规矩，可以在它上面叠加一层小的图案。复制图案鞋带，按快捷键Ctrl+F，将其粘贴在前面，通过"缩放"命令，将内部图案的缩放比例设置为75%，效果如图4-259所示。

图 4-258　　　　　　　图 4-259

05 在运动鞋的不同位置绘制白色的图形作为高光，如图4-260所示。选择高光图形，添加"羽化"效果（参数为1.26mm），可适当调整图形的不透明度，如图4-261所示。

图 4-260

图 4-261

4.17 实战：不锈钢水杯

4.17.1 制作杯体

01 新建一个文档。使用"矩形工具" ▇ 创建一个矩形。使用"添加锚点工具" ✚ 在路径的上、下中间段添加两个锚点，如图4-262所示。使用"直接选择工具" ▷ ，按住Shift键在这两个锚点上单击，将它们选中，按下↓键将向下移动，如图4-263所示。

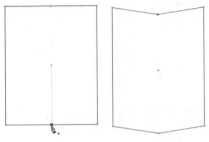

图 4-262　　　　　　　图 4-263

02 选择"转换锚点工具" ⌐ ，在锚点上单击，然后按住Shift键并沿水平方向拖曳鼠标，将角点转换为平滑点，如图4-264和图4-265所示。

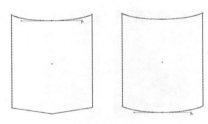

图 4-264　　　　　　　图 4-265

03 为图形填充线性渐变，如图4-266和图4-267所示。

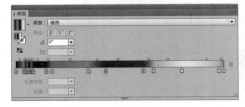

图 4-266

图 4-267

Point 可以拖曳"渐变"面板右下角的标记，将面板拉宽。调色时可按住Alt键拖曳渐变滑块进行复制，再将复制后的渐变滑块移动到相应位置，通过"颜色"面板调整渐变滑块的颜色。

04 使用"椭圆工具"绘制一个椭圆形，填充黑色。按快捷键Ctrl+C复制，按快捷键Ctrl+F，将其粘贴至顶层。使用"选择工具"，将光标放在椭圆形的定界框上，按住Alt键并拖曳鼠标将其缩小（缩放时，按住Alt键可使图形中心点的位置保持不变），填充灰色。采用同样的方法再绘制一个椭圆形，填充白色，如图4-268所示。

图 4-268

05 选取这三个椭圆形，按快捷键Alt+Ctrl+B创建混合。双击"混合工具"，在打开的对话框中设置混合步数为8，如图4-269和图4-270所示。

图 4-269　　　　图 4-270

4.17.2 制作底座

01 使用"选择工具"，按住Shift+Alt键并向下拖曳混合后的图形，进行复制，如图4-271所示。按住Shift键选取这两个混合图形，按快捷键Ctrl+G编组。按快捷键Ctrl+[，将组图形向后移动，如图4-272所示。选择杯体图形，如图4-273所示，按住Alt键并向下拖曳，进行复制，调整复制后的图形大小，如图4-274所示。

图 4-271　　　　图 4-272

图 4-273　　　　图 4-274

02 使用"直接选择工具"调整锚点，在控制面板中设置描边宽度为0.5pt，如图4-275所示。调整渐变颜色，如图4-276和图4-277所示。

图 4-275　　　　图 4-276

图 4-277

03 按快捷键Shift+Ctrl+[，将该图形移至底层，如图4-278所示。按快捷键Ctrl+C复制，按快捷键Ctrl+B，将复制后的图形粘贴到原图形的后面，按下↓键向下移动，如图4-279所示。按住Shift键并拖曳控制点，将图形等比缩小，如图4-280所示。

图 4-278　　　　图 4-279

135

图 4-280

04 再次按快捷键Ctrl+B粘贴图形，将图形等比缩小并调整渐变颜色，如图4-281和图4-282所示。

图 4-281

图 4-282

4.17.3 制作杯口

01 使用"钢笔工具" 绘制一个闭合式路径，填充线性渐变，如图4-283和图4-284所示。再绘制两个闭合式路径图形，分别填充白色和黑色，如图4-285和图4-286所示。

图 4-283

图 4-284

图 4-285   图 4-286

02 绘制两个闭合式路径图形，分别填充渐变和黑色，如图4-287～图4-289所示。选择这两个图形，按快捷键Alt+Ctrl+B创建混合。双击"混合工具" ，在打开的对话框中设置混合步数为7，效果如图4-290所示。

图 4-287   图 4-288

图 4-289   图 4-290

03 绘制一个闭合式路径图形，填充线性渐变，如图4-291和图4-292所示。

图 4-291   图 4-292

4.17.4 制作杯盖

01 绘制一个半圆形，填充线性渐变，无描边，如图4-293和图4-294所示。绘制一个闭合式路径图形，填充白色，无描边，如图4-295所示。选取这两个图形，按快捷键Alt+Ctrl+B创建混合。双击"混合工具" ，在打开的对话框中设置混合步数为30，效果如图4-296所示。

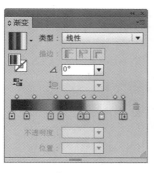

图 4-293　　　　　　　　　　图 4-294

图 4-300　　　　　　　　　　图 4-301

05 用"铅笔工具" ✏ 绘制一个闭合式路径图形，填充白色，无描边，如图4-302所示。用"钢笔工具" ✒ 绘制一条开放式路径，设置描边为白色，无填充颜色，如图4-303所示。

图 4-302　　　　　　　　　　图 4-303

图 4-295　　　　　　　　　　图 4-296

02 使用"椭圆工具" ⬭ ，按住Shift键绘制一个正圆形，填充线性渐变，如图4-297和图4-298所示。

06 采用同样方法制作两个圆形球体，如图4-304所示。将球体移动到不锈钢杯的左侧，如图4-305所示。

图 4-297　　　　　　　　　　图 4-298

03 圆形路径上有4个锚点，使用"添加锚点工具" ✚ 在位于下方的锚点的左、右两侧单击，添加两个锚点。使用"直接选择工具" ▷ 选取位于圆形下方的锚点，向下拖曳，再按住Shift键调整锚点方向线的长度，如图4-299所示。

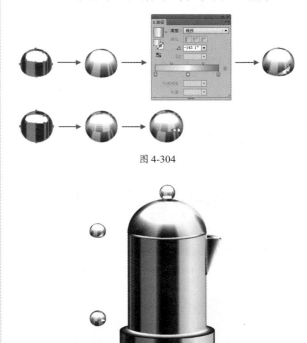

图 4-304

图 4-305

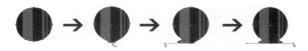

图 4-299

04 使用"铅笔工具" ✏ 绘制一个闭合式路径图形，填充白色，无描边，如图4-300所示。选取圆形和白色图形，按快捷键Alt+Ctrl+B创建混合。双击"混合工具" 🖉 ，在打开的对话框中设置混合步数为8，效果如图4-301所示。

4.17.5 制作把手

01 使用"矩形工具" ▭ 绘制一个矩形，如图4-306所示。使用"添加锚点工具" ✚ 在路径下方添加锚点，

再移动锚点的位置，如图4-307所示。使用"椭圆工具" ⬭ 绘制一个椭圆形，填充径向渐变，如图4-308和图4-309所示。按快捷键Ctrl+[将该图形向后移动，如图4-310所示。

图4-306　　　图4-307　　　　　图4-308

图4-309　　　　　图4-310

02 绘制一个椭圆形，填充线性渐变，如图4-311和图4-312所示。使用"圆角矩形工具" ⬛ 绘制一个圆角矩形，填充线性渐变，如图4-313和图4-314所示。

图4-311　　　　　　　图4-312

图4-313　　　　　图4-314

03 使用"钢笔工具" ✎ 绘制一条开放式路径，设置描边宽度为4pt，效果如图4-315所示。保持路径的选取状态，执行"对象>路径>轮廓化描边"命令，将描边创建为轮廓，调整渐变颜色，如图4-316和图4-317所示。

图4-315　　　　　　　图4-316

图4-317

04 用"钢笔工具" ✎ 绘制3条开放式路径，分别调整描边颜色和宽度，如图4-318所示。选择位于把手上面的球体，按快捷键Shift+Ctrl+]，将其移至顶层，如图4-319所示。按快捷键Ctrl+A选中所有图形，按快捷键Ctrl+G编组。

图4-318　　　　　　　图4-319

05 最后可以绘制一个矩形，填充渐变，放在底层作为背景，还可以复制水杯图形，再通过翻转，制作为倒影，效果如图4-320所示。

图4-320

学习重点

● 实战：彩虹按钮   ● 实战：水晶按钮
● 实战：生肖纽扣   ● 实战：手机UI设计

扫描二维码，关注李老师的个人小站，了解更多 Photoshop、Illustrator 实例和操作技巧。

第 5 章

UI 设计

5.1 关于UI设计

UI是 User Interface 的简称，译为用户界面或人机界面，这一概念是20世纪70年代由施乐公司帕洛阿尔托研究中心（Xerox PARC）施乐研究机构工作小组提出的，并率先在施乐一台实验性的计算机上使用。

UI设计是一门结合了计算机科学、美学、心理学、行为学等学科的综合性艺术，它为了满足软件标准化的需求而产生，并伴随着计算机、网络和智能化电子产品的普及而迅猛发展。UI的应用领域主要包括手机通信移动产品、计算机操作平台、软件产品、PDA产品、数码产品、车载系统产品、智能家电产品、游戏产品、产品的在线推广等。国际和国内很多从事手机、软件、网站、增值服务的企业和公司都设立了专门从事UI研究与设计的部门，以期通过UI设计提升产品的市场竞争力。如图5-1~图5-5所示为一些图标和界面设计作品。

图 5-1

图 5-2

图 5-3

图 5-4

图 5-5

5.2 实战：彩虹按钮

01 选择"圆角矩形工具" ，在画板中单击，弹出"圆角矩形"对话框，设置参数，如图5-6所示，创建一个圆角矩形，如图5-7所示。

图 5-6　　　　　　　图 5-7

02 选择"矩形网格工具" ▦，绘制一个与圆角矩形宽度相同的网格（可以按←键减少垂直分隔线的数量；按↓键减少水平分隔线的数量），如图5-8所示。按快捷键Ctrl+A全选，单击"路径查找器"面板中的"分割"按钮 ▦，如图5-9所示，分割并扩展图形，两个图形的路径交叉处被分割后会生成新的锚点，如图5-10所示。用"编组选择工具" ▷+选择圆角矩形外面的路径，按Delete键将其删除，如图5-11所示。

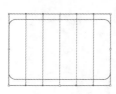

图 5-8　　　　　　　图 5-9

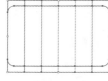
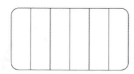

图 5-10　　　　　　　图 5-11

03 按住Shift键单击第1和第6个图形，填充相同颜色的渐变，如图5-12和图5-13所示。为第2和第5个图形填充相同颜色的渐变，如图5-14和图5-15所示。

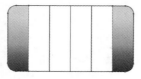

图 5-12　　　　　　　图 5-13

图 5-14　　　　　　　图 5-15

04 为第3和第4个图形也填充渐变，如图5-16和图5-17所示。按X键，切换到描边编辑状态，单击工具箱中的"无"按钮 ⊘，删除对象的描边，如图5-18所示。

图 5-16

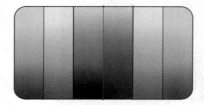

图 5-17

图 5-18

05 使用"圆角矩形工具" ▭ 绘制一个圆角矩形，如图5-19所示，在其上面绘制一个椭圆形，如图5-20所示。选中这两个图形，单击"路径查找器"面板中的"与形状区域相减"按钮 ▣，如图5-21所示。

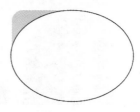

图 5-19　　　　　　　图 5-20

图 5-21

06 将相减后得到的图形移动到彩虹图形的上方，如图
5-22所示。用"选择工具" ▶ 按住Alt键并拖曳图形
进行复制，为复制后的图形填充白色，如图5-23所示。

图 5-22

图 5-23

07 再绘制两个大于彩虹图形的圆角矩形，如图5-24所
示。将它们选中，按快捷键Alt+Ctrl+B，建立混合。
双击"混合工具" ⬚⬚，打开"混合选项"对话框，在"间
距"下拉列表中选择"指定的步数"选项，设置数值为5，
如图5-25和图5-26所示。

图 5-24   图 5-25

图 5-26

08 按快捷键Shift+Ctrl+[，将混合图形移动到彩虹图形
的后面。选中这两个图形，单击"对齐"面板中的
"水平居中对齐"按钮 ⬚ 和"垂直居中对齐"按钮 ⬚，
进行对齐操作，如图5-27所示。选择"椭圆工具" ⬚，按

住Shift键绘制正圆形，填充白色，无描边颜色，在控制面板
中设置"不透明度"为50%，如图5-28所示。

图 5-27

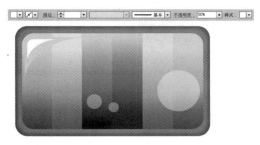

图 5-28

09 打开光盘中的素材，为彩虹按钮添加一些图形，如图
5-29所示。

图 5-29

5.3 实战：生肖纽扣

01 选择"椭圆工具" ⬚，按住Shift键并拖曳鼠标创建
一个正圆形，填充白色，无描边颜色，如图5-30所
示。执行"效果>风格化>内发光"命令，设置参数，如图
5-31所示，效果如图5-32所示。

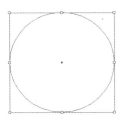

图 5-30

图 5-31　　　　　　　　　图 5-32

02 执行"效果>风格化>投影"命令，在弹出的对话框中设置参数，如图5-33所示，为图形添加投影效果后，图形产生一定的厚度，立体感更明显，如图5-34所示。

图 5-33　　　　　　　　　图 5-34

03 打开光盘中的素材，将其放在纽扣中，效果如图5-35所示。按快捷键Ctrl+A全选，按快捷键Ctrl+G编组。

图 5-35

04 将该纽扣复制若干个，下面来尝试使用"效果"菜单中的其他命令制作不同外形的纽扣。使用"编组选择工具" ，在白色的圆形纽扣上单击鼠标，将其选中（不包括公鸡图形），执行"效果>转换为形状>矩形"命令，在打开的对话框中设置参数，选中"预览"选项，如图5-36所示，效果如图5-37所示。

图 5-36　　　　　　　　　图 5-37

05 在"形状"下拉列表中选择"圆角矩形"选项，如图5-38所示，可以产生圆角矩形效果，如图5-39所示。

图 5-38　　　　　　　　　图 5-39

06 在"形状"下拉列表中选择"椭圆"选项，调整额外宽度与高度的参数，如图5-40所示，可以产生椭圆形效果，如图5-41所示。

图 5-40　　　　　　　　　图 5-41

07 执行"效果>扭曲和变换>收缩和膨胀"命令，在弹出的对话框中设置参数，如图5-42所示，可以产生菱形效果，如图5-43所示。将参数设置为-30%，效果如图5-44所示；将参数设置为20%，则效果如图5-45所示。

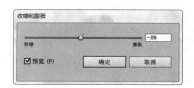

图 5-42

图 5-43

图 5-44　　　　　　　　　　图 5-45

08 执行"效果>扭曲和变换>波纹效果"命令，在对话框中设置参数，如图5-46所示，效果如图5-47所示。

图 5-46　　　　　　　　　　图 5-47

09 选中"平滑"选项，调整参数，如图5-48所示，效果如图5-49所示。

图 5-48　　　　　　　　　　图 5-49

10 创建一个矩形，用它作为纽扣的背景。执行"窗口>图形样式库>纹理"命令，打开"纹理"面板，选择"RGB石头1"样式，在上面单击鼠标右键可以查看大缩览图，如图5-50所示。应用该纹理后的图形效果如图5-51所示。

图 5-50　　　　　　　　　　图 5-51

11 按快捷键Shift+Ctrl+[，将纹理图形移至底层，如图5-52所示。如图5-53所示为将纽扣放置在衣服图形上的效果。

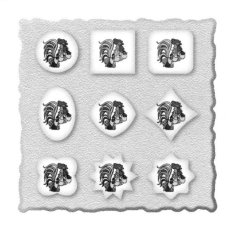

图 5-52

图 5-53

5.4 实战：CS6图标

01 打开光盘中的素材，如图5-54所示。选择"椭圆工具" ⬭，按住Shift键创建一个正圆形，将素材图形完全遮盖住，如图5-55所示。

图 5-54　　　　　　　　　　图 5-55

02 单击"色板"面板底部的 按钮，在弹出的菜单中选择"渐变"子菜单中的"晕影"命令，如图5-56所示，打开该面板，选择"樱桃木晕影"渐变，如图5-57所示，该径向渐变中心的不透明度为0%，如图5-58所示，填充到圆形以后，该滑块所影响的区域均为透明，可以显示出底层的文字，如图5-59所示。可以尝试使用渐变库中的其他渐变色为图形填充，效果如图5-60所示。

图 5-56

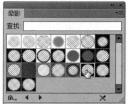

图 5-57

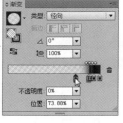

图 5-58

图 5-59

图 5-60

5.5 实战：水晶按钮

01 选择"椭圆工具" ，按住Shift键创建一个正圆形，填充径向渐变，如图5-61和图5-62所示。按快捷键Ctrl+C复制图形，后面的操作中会用到它。

图 5-61

图 5-62

02 执行"效果>风格化>投影"命令，为图形添加投影，如图5-63和图5-64所示。

图 5-63

图 5-64

03 执行"窗口>符号库>复古"命令，打开该面板，将如图5-65所示的符号拖曳到画板中，放置在按钮上方，在"透明度"面板中设置混合模式为"正片叠底"，如图5-66和图5-67所示。

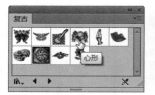

图 5-65

图 5-66

图 5-67

04 按快捷键Ctrl+F，将复制的圆形粘贴到前面。使用"选择工具" ▶，按住Shift+Alt键并拖曳控制点，基于中心点将圆形等比例缩小，如图5-68所示。按快捷键Ctrl+C复制，在后面制作按钮高光时会使用该图形。按住Alt键并向左上方拖曳圆形进行复制，如图5-69所示。

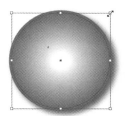 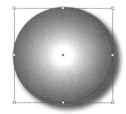

图 5-68　　　　　　　图 5-69

05 选择上一步操作中制作的两个圆形，如图5-70所示，单击"路径查找器"面板中的 ▢ 按钮，对图形进行运算，如图5-71和图5-72所示。

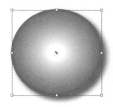 

图 5-70　　　　　　　图 5-71

图 5-72

06 修改图形的填充色为浅灰色，无描边颜色，如图5-73所示。执行"效果>风格化>羽化"命令，添加"羽化"效果，如图5-74和图5-75所示。

图 5-73　　　　　　　图 5-74

图 5-75

07 按快捷键Ctrl+F，原位粘贴前面复制的圆形，设置填充颜色为白色，无描边颜色，将不透明度调整为50%，如图5-76所示。使用"刻刀工具" ✐ 将图形裁开，如图5-77所示，使用"编组选择工具" ▶➕ 选择图形的下半部分，按Delete键将其删除，如图5-78所示。

图 5-76　　　　　　　图 5-77

图 5-78

08 按照前面的方法为图形添加高光边缘，如图5-79所示。按快捷键Ctrl+A全选，按快捷键Ctrl+G编组。使用"选择工具" ▶，按住Alt键并拖曳按钮进行复制。使用"编组选择工具" ▶➕ 选择按钮中的符号，如图5-80所示，单击如图5-81所示的符号样本，将其添加到"符号"面板中。

图 5-79　　　　　　　图 5-80

145

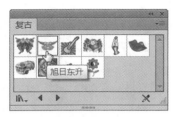

图 5-81

09 打开"符号"面板菜单，执行"替换符号"命令，用该符号替换原有的符号，如图5-82和图5-83所示。按住Shift键并拖曳定界框上的控制点，将符号图形缩小，如图5-84所示。采用同样的方法，使用符号库中的其他符号制作出更多的按钮。

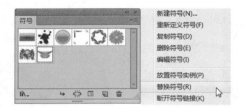

图 5-82

图 5-83

图 5-84

5.6 实战：手机UI设计

5.6.1 绘制手机

01 按快捷键Ctrl+N，打开"新建文档"对话框，在"配置文件"下拉列表中选择"基本RGB"选项，在"大

小"下拉列表中选择A4选项，新建一个A4大小、RGB模式的文档。选择"圆角矩形工具" 🔲，在画板中单击鼠标，打开"圆角矩形"对话框，设置参数，如图5-85所示，创建一个圆角矩形，如图5-86所示。

图 5-85   图 5-86

02 为图形填充黑色，设置描边宽度为3pt，如图5-87所示。

图 5-87

03 按快捷键Ctrl+C复制，按快捷键Ctrl+F，将其粘贴到前面。使用"直线工具" ／ 在图形右侧绘制一条斜线，如图5-88所示。使用"选择工具" ▸，按住Shift键并单击圆角矩形，将其一同选中，如图5-89所示。

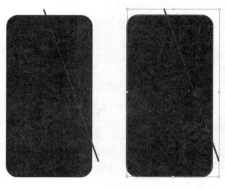

图 5-88   图 5-89

04 打开"路径查找器"面板，单击"分割"按钮，用直线将图形分割成两部分，在控制面板中取消路径的描边，如图5-90和图5-91所示。

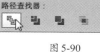

图 5-90

图 5-91

05 使用"直接选择工具" 在右上方的图形上单击，如图5-92所示。在"渐变"面板中设置左侧滑块为灰色，右侧为黑色，在面板下方将黑色滑块的不透明度设置为0%，角度设置为-68.8°，如图5-93和图5-94所示。

图 5-92

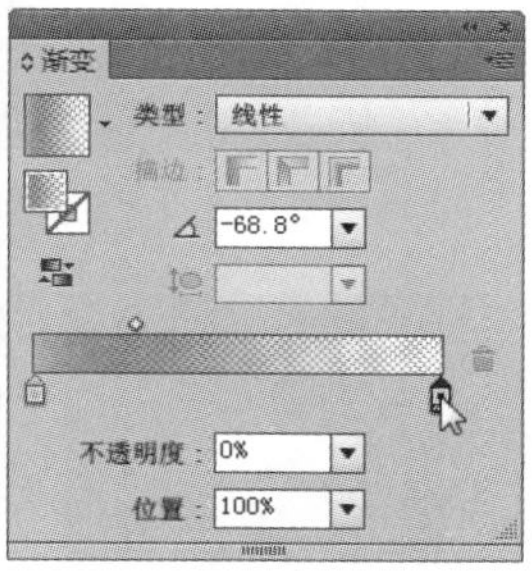

图 5-93

图 5-94

06 按快捷键Ctrl+B，将前面复制的圆角矩形粘贴到底层。按住Alt+Shift键并拖曳定界框的一角，将图形等比放大，如图5-95所示。设置图形的描边粗细为0.25pt，颜色为灰色，在"渐变"面板中设置渐变颜色，如图5-96所示，以"灰色-白色"的渐变色填充图形，如图5-97所示。

图 5-95

图 5-96

图 5-97

07 选择"矩形工具"，在画板中单击，打开"矩形"对话框，设置参数，如图5-98所示，创建一个矩形。为其填充灰色，无描边，该图形将作为手机的触摸屏，如图5-99所示。

图 5-98

图 5-99

Point 绘制完触摸屏后，可以选取所有图形，单击"对齐"面板中的"水平居中对齐"按钮和"垂直居中"按钮，使图形的位置更加精确。

08 使用"椭圆工具"，按住Shift键创建一个正圆形，如图5-100所示。在"渐变"面板中调整渐变颜色，如图5-101所示。以"灰色-透明"渐变色进行填充，设置描边颜色为深灰色，描边粗细为0.25pt，如图5-102所示。

图 5-100

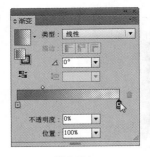

图 5-101

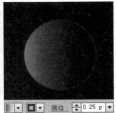

图 5-102

09 在按键上方绘制一个圆角矩形，无填充颜色，描边颜色为深灰色，描边粗细为1pt，如图5-103所示。

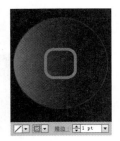

图 5-103

10 绘制一个圆角矩形，填充径向渐变，如图5-104和图5-105所示。按快捷键Ctrl+C复制该图形，按快捷键Ctrl+F，将其粘贴到前面，按住Shift+Alt键并拖曳定界框的一角，将图形等比例缩小，在"渐变"面板中调整渐变颜色，如图5-106和图5-107所示。

图 5-104

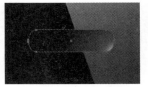

图 5-105

图 5-106

图 5-107

11 下面制作摄像头。绘制一个正圆形，填充径向渐变，如图5-108和图5-109所示。按快捷键Ctrl+C复制，按快捷键Ctrl+F，将其粘贴到前面，按住Shift+Alt键并拖曳定界框的一角，将图形等比例缩小，将填充颜色设置为深蓝色，如图5-110所示。

图 5-108

图 5-109

图 5-110

12 再来绘制手机上方的睡眠/唤醒按钮。使用"圆角矩形工具" ▢ 绘制一个扁长的图形，填充线性渐变，如图5-111和图5-112所示。在手机左侧制作响铃/静音开关、音量按钮，如图5-113所示，完成手机的绘制，效果如图5-114所示。

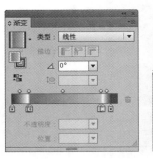

图 5-111

图 5-112

图 5-113　　　　　图 5-114

5.6.2　制作状态栏

01 在"图层"面板中锁定"图层1"，单击面板底部的 按钮，新建"图层2"，如图5-115所示。

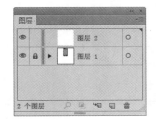

图 5-115

02 在屏幕上方和下方分别创建一个矩形，填充线性渐变，如图5-116~图5-119所示。

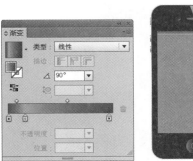

图 5-116　　　　　图 5-117

图 5-118　　　　　图 5-119

03 在下方的状态栏上创建3个矩形，填充线性渐变，如图5-120和图5-121所示。

图 5-120　　　　　图 5-121

04 使用"钢笔工具" 绘制一个文件夹图标，设置笔画粗细为1pt，无填充颜色，如图5-122所示。使用"多边形工具" 绘制一个6边形，设置笔画粗细为2pt，无填充颜色，如图5-123所示。使用"圆角矩形工具" 绘制图形，填充黑色。使用"椭圆工具" 绘制圆形，设置描边粗细为1pt，无填色，组成一个放大镜图标，如图5-124所示，选中这两个图形，在定界框外拖曳鼠标，将图形旋转，如图5-125所示。

图 5-122　　　　　图 5-123

图 5-124　　　　　图 5-125

05 使用"矩形网格工具" ，在画板中单击并拖曳鼠标创建网格图形，拖曳的过程中按←键可减少垂直分隔线，按↓键可减少水平分隔线，如图5-126所示。再分别用"矩形工具" 和"钢笔工具" 绘制其他图标，如图5-127所示。

图 5-126　　　　　图 5-127

06 将图标放在屏幕下方的状态栏上，将其中4个图标的颜色设置为白色，如图5-128所示。

图 5-128

07 使用"文字工具" T 输入文字，在控制面板中设置字体为Arial，大小为6pt，如图5-129所示。

图 5-129

08 在文字左侧绘制一排矩形，填充蓝色，作为蜂窝信号图标，如图5-130所示。

图 5-130

5.6.3 制作屏幕背景

01 绘制一个与屏幕大小相同的矩形。按快捷键Shift+Ctrl+[，将图形移至底层，单击"色板"面板中的深棕色，进行填色，如图5-131和图5-132所示。

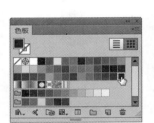

图 5-131　　　　　　　图 5-132

02 执行"窗口>符号库>污点矢量包"命令，打开该符号库，选择如图5-133所示的符号样本，将其拖曳到画板中，如图5-134所示。

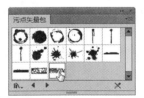

图 5-133

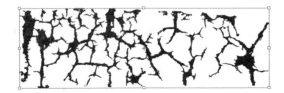

图 5-134

03 在"透明度"面板中设置"不透明度"为25%，如图5-135所示。使用"选择工具" ▶ 拖曳定界框，将图形缩小，放在屏幕内，使屏幕背景呈现木纹质感。按快捷键Shift+Ctrl+[，将图形移至底层，再按快捷键Ctrl+]，前移一层，使它正好位于深棕色图形上方，如图5-136所示。按住Alt键并向右侧拖曳，进行复制，如图5-137所示。

图 5-135

图 5-136　　　　　　　图 5-137

5.6.4 制作应用程序图标

01 在状态栏下方绘制一个矩形，填充线性渐变，如图5-138和图5-139所示。

图 5-138　　　　　　　图 5-139

02 使用"文字工具" T 输入文字，如图5-140所示。

图 5-140

03 在空白处绘制一个矩形，如图5-141所示。在矩形左上角绘制一个圆形，如图5-142所示，使用"选择工具" ↖，按住Shift+Alt键并拖曳圆形进行复制，如图5-143所示。按快捷键Ctrl+D，再次变换图形，如图5-144所示。

图 5-141　　　　图 5-142　　　　图 5-143　　　　图 5-144

04 将圆形与矩形全部选中，单击"路径查找器"中的"减去顶层"按钮 ⬜，使圆形与矩形相减，让矩形的边缘呈现齿孔效果，如图5-145和图5-146所示。

图 5-145　　　　　　　　图 5-146

05 为图形填充蓝色渐变，然后移动到屏幕的左上方，如图5-147所示。复制该图形并布满屏幕，为其填充不同的渐变颜色，如图5-148所示。

图 5-147　　　　　　　图 5-148

06 打开光盘中的素材，如图5-149所示。选中图标，复制并粘贴到手机文档中，如图5-150所示。

图 5-149　　　　　　图 5-150

07 使用"文字工具" T 输入文字，如图5-151和图5-152所示。

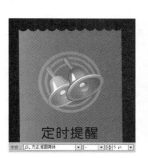

图 5-151　　　　　　　　图 5-152

5.6.5 制作二级界面

01 按快捷键Ctrl+A全选。使用"选择工具" ↖，按住Alt键并向右侧拖曳手机进行复制，复制后的图形依然位于两个图层中，便于编辑，如图5-153和图5-154所示。

图 5-153

图 5-154

02 选取图标并将其删除，只保留屏幕背景、状态栏和手机，如图5-155所示。执行"窗口>符号>Web按钮和条形"命令，打开该符号库，如图5-156所示，选择"上一下""下一个""信息"和"搜索"符号，将它们拖曳到画板中，并调整大小。再绘制一个搜索栏，如图5-157所示。

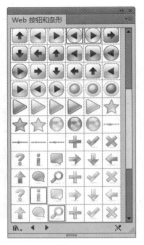

图 5-155　　　　　　　　　　图 5-156

图 5-157

03 绘制一个与屏幕宽度相同的圆形矩形，填充蓝色渐变，如图5-158所示。选择"删除锚点工具" ，将光标放在左下方的锚点上，如图5-159所示，单击鼠标，删除该锚点，如图5-160所示。选择"转换锚点工具" ，在左下角的锚点上单击，将其转换为角点，如图5-161所示。在圆角矩形右侧进行同样的操作，形成一个上面是圆角，下面是直角的图形，如图5-162所示。

图 5-158　　　　　　　　　　图 5-159

图 5-160

图 5-161　　　　　　　　　　图 5-162

04 按快捷键Ctrl+C复制该图形，按快捷键Ctrl+F，将其粘贴到前面，填充"黑色-透明"渐变，如图5-163和图5-164所示。选中这两个图形，按快捷键Ctrl+G编组。

图 5-163　　　　　　　　　　图 5-164

05 使用"选择工具" ，按住Shift+Alt键并向下拖曳图形进行复制，如图5-165所示。单击"图层"面板中的 按钮，展开图层列表，找到复制图形的所在层，如图5-166所示。

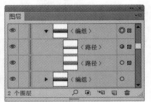

图 5-165　　　　　　　　　　图 5-166

06 在蓝色图形所在图层右侧单击鼠标，单独选中该图形，如图5-167所示，在"渐变"面板中调整颜色，为其填充黄色渐变，如图5-168和图5-169所示。

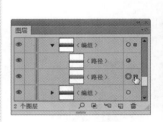

图 5-167　　　　　　　　　　图 5-168

图 5-169

07 再次复制图形，使用不同的渐变颜色进行填充，如图5-170所示。

08 执行"窗口>符号库>网页图标"命令，打开符号库，如图5-171所示。这个符号库中包含丰富的图标，使用时可直接拖曳到画板中，如果要改变颜色，可单击"符号"面板底部的 ⊂ꞈ 按钮，断开符号的链接，然后即可像编辑图形一样修改颜色了。在各条目上输入文字，效果如图5-172所示。

图 5-170　　　　　　　图 5-171

图 5-172

5.6.6 制作背景

01 单击"图层"面板底部的 按钮，新建一个图层，将其拖曳到"图层1"下方，锁定"图层1"与"图层2"，如图5-173所示。

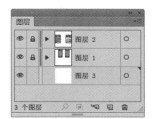

图 5-173

02 绘制一个圆形，填充"黑色-透明"径向渐变，如图5-174和图5-175所示。使用"选择工具" ，将光标放在上边框位置，按住Alt键并向下拖曳，将圆形压扁，如图5-176所示。

图 5-174　　　　　　　图 5-175

图 5-176

03 再绘制一个与手机大小相同的圆角矩形，填充线性渐变，如图5-177所示。选取这两个投影图形，设置混合模式为"正片叠底"，将制作好的投影图形复制到另一个手机上，如图5-178和图5-179所示。

图 5-177　　　　　　　图 5-178

图 5-179

04 打开光盘中的素材，如图5-180所示。复制其中的图形，然后粘贴到手机文档中。按快捷键Shift+Ctrl+[，将其移至底层，作为背景，如图5-181所示。

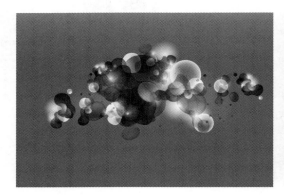

图 5-180

图 5-181

学习重点

● 实战：怪物唱片 　　　　　　　立体图
● 实战：三维饮料瓶 　　● 实战：花之恋礼品盒
● 实战：制作包装盒平面图、

扫描二维码，关注李老师的个人小站，了解更多 Photoshop、Illustrator 实例和操作技巧。

第6章

包装设计

6.1 包装设计

　　包装是产品的第一推销员，好的商品要有好的包装来衬托才能充分体现其价值，以引起消费者的注意，扩大企业和产品的知名度。

6.1.1 包装的类型

● 纸箱：统称"瓦楞纸箱"，具有一定的抗压性，主要用于储运包装。

● 纸盒：用于销售包装，如糕点盒、化妆品盒、药盒等。如图6-1所示为 Fisherman 胶鞋的包装设计。

图 6-1

● 木箱、木盒：木箱多用于储运包装，木盒主要用于工艺品等高档商品或礼品的包装。

● 铁盒、铁桶：多用于罐头、糖果和饮料包装，这类包装多采用马口铁或镀锌铁皮加工而成，另外，还有镁铝合金的易拉罐等。如图6-2所示为一组非常有趣的酒瓶包装。

图 6-2

● 塑料包装：包括塑料袋、塑料瓶、塑料桶、塑料盒等，塑料袋是最为广泛的包装物，塑料桶和塑料盒主要用于液体类的包装。如图6-3所示为一组可口可乐塑料包装瓶。

图 6-3

- 玻璃瓶：多用于酒类、罐头、饮料和药品的包装。玻璃瓶分为广口瓶和小口瓶，又有磨砂、异形、涂塑等不同的工艺。
- 棉、麻织品：多用于土特产品的传统包装方式。
- 陶罐、瓷瓶：属于传统的包装形式，常用在酒类、土特产的包装上。

6.1.2 包装的设计定位

　　包装具有3大功能，即保护性、便利性和销售性。不同的历史时期，包装的功能含义也不尽相同，但包装却永远离不开采用一定材料和容器包裹、捆扎、容装、保护内装物及传达信息的基本功能。包装设计应向消费者传递一个完整的信息，即这是一种什么样的商品，这种商品的特色是什么，它适用于哪些消费群体。包装的设计还应充分考虑消费者的定位，包括消费者的年龄、性别和文化层次等，针对不同的消费阶层和消费群体进行设计，才能放有的放矢，达到促进商品销售的目的。

　　包装设计要突出品牌，巧妙地将色彩、文字和图形进行组合，形成有一定冲击力的视觉形象，从而将产品的信息准确地传递给消费者。如图6-4所示为美国Gloji公司灯泡形枸杞子混合果汁的包装设计，它打破了饮料包装的常规形象，让人眼前一亮。灯泡形的包装与产品的定位高度契合，传达出的是：Gloji混合型果汁饮料让人感觉到的是能量的源泉，如同灯泡给人带来光明，Gloji灯泡饮料似乎也可以带给你取之不尽的力量。该包装在2008年Pentawards上获得了果汁饮料包装类金奖。

图 6-4

6.2 实战：怪物唱片

01 打开光盘中的素材，如图6-5所示。

02 使用"编组选择工具" 单击小怪兽的嘴巴，将其选中，如图6-6所示。设置填充颜色为黑色，描边颜色为洋红色，描边宽度为5pt，如图6-7所示。

图 6-5   图 6-6   图 6-7

03 选择小怪兽的眼睛，设置描边和填充颜色，如图6-8~图6-12所示。

图 6-8   图 6-9   图 6-10

图 6-11   图 6-12

04 选择如图6-13所示的直线，单击"画笔"面板中的画笔样本，如图6-14所示，用画笔描边路径，制作出小怪兽的裙子，如图6-15所示。

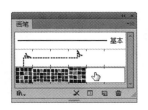

图 6-13   图 6-14   图 6-15

05 选择光盘图形，如图6-16所示，执行"窗口>色板库>图案>装饰>Vonster装饰"命令，打开该面板，单击如图6-17所示的图案，为盘面填充该图案，如图6-18所示。

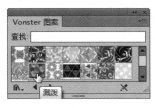

图 6-16   图 6-17   图 6-18

06 使用"选择工具" ▶ 将小怪兽拖曳到光盘上方，如图6-19所示。在"图层"面板中将"小怪兽"层拖曳到"盘芯"图层下方，如图6-20和图6-21所示，效果如图6-22所示。

图 6-19

图 6-20

图 6-21

图 6-22

6.3 实战：CD盒封面

01 执行"文件>从模板新建"命令，打开"从模板新建"对话框，打开"空白模板"文件夹，如图6-23所示，选择"CD打印项目"文件，如图6-24所示，单击"新建"按钮，从模板中创建一个文件，如图6-25所示。单击"图层"面板底部的 按钮，新建一个图层，如图6-26所示。

图 6-23

图 6-24

图 6-25

图 6-26

02 打开光盘中的素材，如图6-27所示。使用"选择工具" 将该图形选中，按快捷键Ctrl+C复制，切换到模版文件，按快捷键Ctrl+V进行粘贴，如图6-28所示。

图 6-27

图 6-28

03 保持该图形的选中状态，选择"旋转工具" ，将光标移至海螺中心点的右上角，如图6-29所示，按Alt键并单击鼠标，打开"旋转"对话框，设置旋转角度为20°，如图6-30所示，单击"复制"按钮，旋转并复制该图形，如图6-31所示。

图 6-29

图 6-30

图 6-31

04 设置图形的混合模式为"柔光"，如图6-32和图6-33所示。连续按7次快捷键Ctrl+D，继续旋转并复制该图形，如图6-34所示。

图 6-32

图 6-33　　　　　　　　　图 6-34

05 设置最后一个图形的混合模式为"正片叠底",如图6-35和图6-36所示。

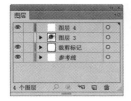

图 6-35　　　　　　　　　图 6-36

06 按快捷键Ctrl+C复制该图形。在"图层"面板中新建一个图层,将"图层3"隐藏,如图6-37所示。按快捷键Ctrl+V粘贴图形。使用"选择工具" ➤ 按住Alt键并拖曳当前的图形,进行复制。拖曳定界框的一角,将复制后的图形放大并适当旋转,设置它的"不透明度"为12%,如图6-38和图6-39所示。

图 6-37　　　　　　　　　图 6-38

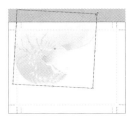

图 6-39

07 再复制几个海螺图形,设置它们的"不透明度"为32%,如图6-40和图6-41所示。

图 6-40　　　　　　　　　图 6-41

08 显示"图层3",如图6-42所示。使用"文字工具" **T** 输入文字,如图6-43所示。

图 6-42

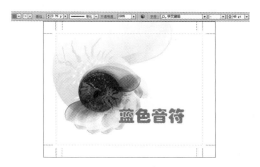

图 6-43

09 使用"矩形工具" 创建几个矩形,再输入一些文字,如图6-44所示。

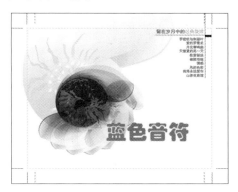

图 6-44

10 选择"矩形工具" ,以画板的大小为基准创建一个矩形,单击"图层"面板中的"建立/释放剪切蒙版"按钮 ,创建剪切蒙版,将画板以外的图形隐藏,如图6-45和图6-46所示。

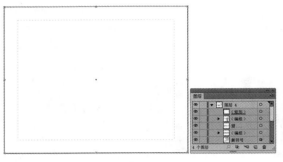

图 6-45

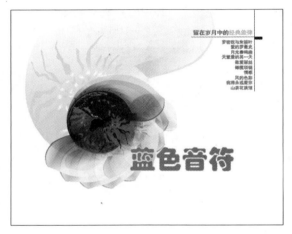

图 6-46

6.4 实战：三维饮料瓶

6.4.1 制作饮料瓶模型

01 使用"钢笔工具" <img>绘制一条开放式路径，设置描边颜色为蓝色，无填色，如图6-47所示。需要注意，路径的两个端点（起始点与结束点）并不在一条垂直线上，这是为了使旋转以后的瓶口产生空洞。

图 6-47

02 执行"效果>3D>绕转"命令，拖曳观景窗内的立方体，对图形进行旋转，在"自"下拉列表中选择"右边"选项，单击"更多选项"按钮，显示光源选项。单击光源预览框下方的 <img> 按钮添加光源，并调整它们的位置。添加左下角的光源后，单击 <img>图标，将光源切换到物体后面，设置其他参数，如图6-48所示，效果如图6-49所示。在操作过程中，要经常按快捷键Ctrl+S保存作品，以免由于操作过于复杂造成死机，使所有工作前功尽弃。

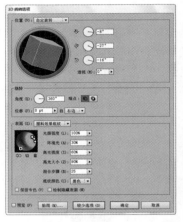

图 6-48

图 6-49

6.4.2 制作贴图

01 饮料瓶的贴图包括上面的标志和下面的星形图案。在制作标志时，使用"钢笔工具" <img>绘制闭合式路径，外形似飘动的旗帜。按住Shift+Ctrl+Alt键并拖曳鼠标，进行水平复制，按快捷键Ctrl+D再次复制，得到3个旗帜图形，分别填充不同的颜色。在它们下面输入文字，如图6-50所示。将制作好的标志图形全部选中，按快捷键Ctrl+G编组。

图 6-50

02 在制作白色的星形图案时，先绘制一个黑色矩形作为衬托，使用"星形工具" <img> 在它上面绘制一个白色星形，然后水平复制，再按快捷键Ctrl+D进行连续复制，得到更多的星形，如图6-51所示。将制作完成的星形编组，删除黑色矩形。将标志与星形图案移动到饮料瓶上，如图6-52所示。

图 6-51　　　　　　　　图 6-52

虽然模型是一个整体，但在贴图时，Illustrator会将模型分为多个面，因此，在制作贴图时，要考虑到不同的面，分为几个部分制作。

03 选择标志图形，打开"符号"面板，按住Shift键单击 按钮，弹出"符号选项"对话框，将符号命名为SODA 1，如图6-53所示，单击"确定"按钮创建符号。将星形图案也创建为符号，命名为SODA 2，如图6-54所示。

图 6-53　　　　　　　　图 6-54

04 选择饮料瓶，双击"外观"面板中的"3D绕转"属性，如图6-55所示，打开"3D绕转选项"对话框，单击"贴图"按钮，打开"贴图"对话框。单击"表面"选项中的 按钮，直到文本框中显示25/30，饮料瓶上的这个面呈高亮显示，如图6-56所示。在"符号"下拉列表中选择SODA 1符号，在预览窗口中移动符号位置，调整大小，如图6-57所示。

图 6-55　　　　　　　　图 6-56

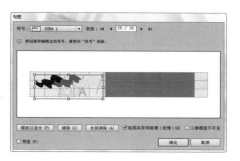

图 6-57

05 单击"表面"选项中的 按钮，切换表面，如图6-58所示，在"符号"下拉列表中选择SODA 2符号样本，在预览窗口中移动符号位置，调整符号大小，如图6-59所示。单击"确定"按钮，关闭"贴图"对话框，返回到"3D绕转选项"对话框，再单击"确定"按钮，完成饮料瓶表面的贴图，如图6-60所示。

图 6-58

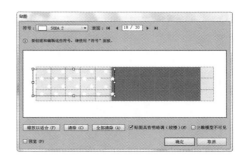

图 6-59

图 6-60

三维贴图所用的图案尽量不要使用混合、效果等过于复杂的功能，贴图过于复杂会使操作速度变得很慢，甚至出现死机现象。

6.4.3 制作瓶盖

01 选择"椭圆工具" ，按住Shift键创建一个圆形，直径与饮料瓶的瓶口宽度相同，填充蓝色，无描边，如图6-61所示。

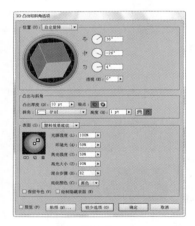

图 6-61

02 执行"效果>3D>凸出和斜角"命令，在打开的对话框中调整"凸出厚度"的数值为10pt，在"斜角"下拉列表中选择"圆形"样式，使对象的边缘呈倾斜效果，设置"高度"为1pt，其他参数如图6-62所示。选中"预览"选项查看瓶盖的立体效果，如图6-63所示。不要单击"确定"按钮，否则会关闭对话框，接下来要进行贴图操作。

图 6-62   图 6-63

03 单击该对话框中的"贴图"按钮，打开"贴图"对话框，切换贴图表面，如图6-64所示，在"符号"下拉列表中选择SODA 1符号样本，在预览窗口中移动符号位置，调整大小，如图6-65所示，单击"确定"按钮，完成操作，如图6-66所示。

图 6-64

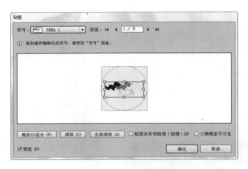

图 6-65

图 6-66

04 由于饮料瓶模型是用路径旋转而成的，复制饮料瓶后，按X键切换到描边编辑状态，改变描边颜色即可修改饮料瓶的颜色，再通过"外观"面板修改贴图的位置，可以得到如图6-67所示的最终效果。如果模型是用填充了颜色的图形制作的，则需要改变图形的填充颜色，才能改变3D对象的颜色。

图 6-67

6.5 实战：菠萝汁汽水瓶设计

6.5.1 制作汽水瓶表面贴图图案

01 使用"钢笔工具" 绘制波浪状图形，分别填充橙色、黄色、绿色和红色，如图6-68和图6-69所示。

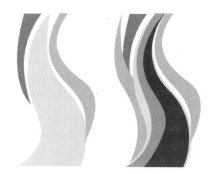

图 6-68　　　　图 6-69

02 使用"椭圆工具"  绘制两个圆形（绘制时按住Shift键），设置不同的填充与描边颜色，在控制面板中设置描边粗细，如图6-70所示。

图 6-70

03 选中这两个圆形，单击控制面板中的"水平居中对齐"按钮和"垂直居中对齐"按钮，将两个圆形对齐，并移动到波浪图形上，如图6-71所示。使用"选择工具"按住Alt键拖曳圆形进行复制，如图6-72所示。

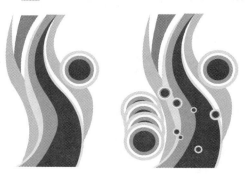

图 6-71　　　　图 6-72

04 选择"多边形工具" ，在画面中拖曳鼠标创建一个三角形（在拖曳鼠标的过程中按↓键可以减少边数），如图6-73所示。按快捷键Ctrl+U启用智能参考线。使用"添加锚点工具"，将光标放在三角形的底边上，工具旁会显示"路径"字样，当光标移动到底边中点时会显示"交叉"字样，如图6-74所示，在该位置单击鼠标，添加锚点，如图6-75所示。

图 6-73　　　　图 6-74　　　　图 6-75

05 使用"转换锚点工具" 在左下角的锚点上单击并拖出方向线，如图6-76所示，将直线路径调整为弧线，采用同样的方法编辑右下角的锚点，使图形对称，如图6-77所示。使用"选择工具" 拖曳定界框，调整图形的宽度，如图6-78所示。

图 6-76　　　　图 6-77　　　　图 6-78

06 使用"旋转工具" ，按住Alt键并在图形的尖角处单击，如图6-79所示，打开"旋转"对话框，设置"角度"为72°，单击"复制"按钮，旋转并复制出一个图形，如图6-80和图6-81所示。

图 6-79　　　　　　图 6-80

图 6-81

07 连续按快捷键Ctrl+D，继续旋转和复制图形，直到组成一个花朵形状，如图6-82所示。将花朵图形全部选中，按快捷键Ctrl+G编组，用它来装饰波浪图形，如图6-83所示。

图 6-82　　　　图 6-83

08 打开"符号"面板，单击该面板下方的 按钮，打开"符号选项"对话框，将符号命名为"花纹"，如

图6-84所示，单击"确定"按钮，将它创建为一个符号，如图6-85所示。

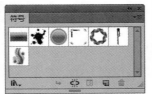

图6-84　　　　　　　　　图6-85

6.5.2 制作汽水瓶

01 使用"钢笔工具"  绘制瓶子的左半边轮廓，描边颜色为白色，无填色，如图6-86所示。执行"效果>3D>绕转"命令，打开"3D绕转选项"对话框，在"自"下拉列表中选择"右边"选项，如图6-87所示，选中"预览"选项，可以在画面中看到瓶子的效果，如图6-88所示。

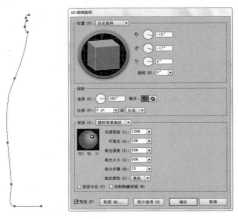

图6-86　　　　　　　　　图6-87

图6-88

02 不要关闭对话框，单击"贴图"按钮，打开"贴图"对话框，单击"下一个表现"按钮 ▶，切换到4/10表面，如图6-89所示，在画面中，瓶子与之对应的表面会显示红色的线框，如图6-90所示。

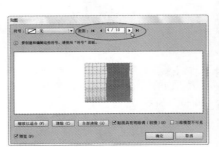

图6-89　　　　　　　　　图6-90

03 在"符号"下拉列表中选择"花纹"符号，如图6-91所示，观察瓶子，花纹已经贴于瓶子表面，只是位置有点偏，如图6-92所示。

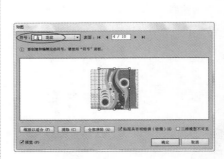

图6-91　　　　　　　　　图6-92

04 将光标放在花纹符号上向左侧单击拖曳，同时观察画面中的瓶子贴图，直到花纹布满瓶子，如图6-93和图6-94所示。

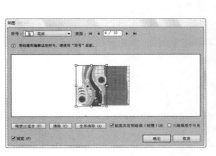

图6-93　　　　　　　　　图6-94

6.5.3 制作瓶盖和贴图

01 使用"文字工具" T 输入文字，在控制面板中设置字体及大小，如图6-95所示。按快捷键Shift+Ctrl+O，将文字转换为轮廓，如图6-96所示。

ZING ZING

图6-95 　　　　　　　　　图6-96

02 按快捷键Shift+Ctrl+G，取消编组。使用"选择工具" ↖ 选中字母Z，如图6-97所示，按住Shift键并拖曳文字的左下角，将文字等比放大，如图6-98所示。

ZING ZING

图6-97 　　　　　　　　　图6-98

03 使用"直接选择工具" ↖，在如图6-99所示的位置单击拖曳鼠标，选中路径上的两个锚点，按住Shift键并向右侧拖曳，使笔画沿水平方向延长，如图6-100所示。

ZING ZING

图6-99 　　　　　　　　　图6-100

04 单击工具箱中的"渐变填充"按钮 ▣，为Z字填充线性渐变。选择"渐变工具" ▭，将光标放在文字上，显示渐变滑块后，将渐变调整为"黑色-红色"，如图6-101所示。

ZING

图6-101

05 单击"符号"面板下方的 ▣ 按钮，打开"符号选项"对话框，将符号命名为logo，将文字创建为符号，如图6-102和图6-103所示。

图6-102

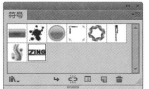

图6-103

06 使用"钢笔工具" ✎ 绘制一个开放式路径，将描边设置为红色，如图6-104所示。按快捷键Alt+Shift+Ctrl+E，打开"3D绕转选项"对话框并设置参数，如图6-105所示。

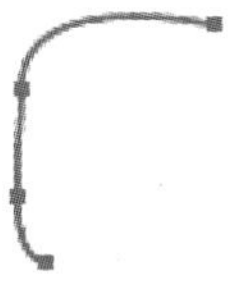

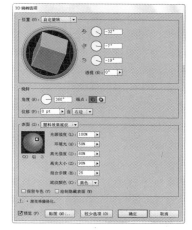

图6-104　　　　　　　　　图6-105

07 单击"贴图"按钮，打开"贴图"对话框，切换到5/5表面，在"符号"下拉列表中选择logo符号，调整位置和大小，如图6-106和图6-107所示。

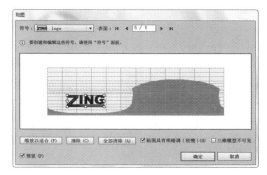

图6-106

图6-107

6.5.4 制作投影和背景

01 在瓶子下方绘制一个椭圆形，按快捷键Shift+Ctrl+[将其移至底层，如图6-108所示。执行"效果>风格化>羽化"命令，在打开的对话框中设置羽化半径为5mm，如图6-109和图6-110所示。

图 6-108

图 6-109　　　　　　　图 6-110

02 为瓶盖制作投影，设置羽化参数为2.22mm，如图6-111和图6-112所示。

图 6-111　　　　　　　图 6-112

03 可以使用其他符号作为贴图，让瓶子变得更加可爱。为画面加上浅色的背景，在画面右侧绘制波浪图形，并将logo符号放置在图形上，完成后的效果如图6-113所示。

图 6-113

6.6　实战：制作包装盒平面图、立体图

01 打开光盘中的素材，如图6-114所示。单击"图层"面板中的 按钮，新建一个图层，将它拖曳到"结构图"下方，如图6-115所示。

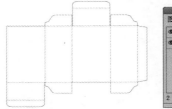

图 6-114　　　　　　　图 6-115

02 使用"矩形工具" ，基于结构图创建包装表面的灰色图形，如图6-116所示。

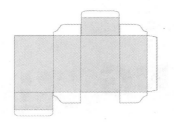

图 6-116

03 在"图层2"的名称前方单击（显示出 状图标），将该图层锁定，再新建"图层3"，如图6-117所示。先来制作包装盒的正面图案。创建一个矩形，与包装盒正面相同大小，如图6-118所示，单击 按钮创建剪切蒙版，如图6-119所示。

图 6-117　　　　　　　图 6-118

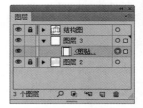

图 6-119

04 使用"极坐标网格工具" 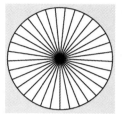 创建如图6-120所示的网格。打开"描边"面板，选中"虚线"选项，设置虚线参数为3.78pt，间隙为2.83pt，如图6-121所示，将描边颜色设置为绿色，如图6-122所示。

图6-120

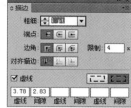

图6-121

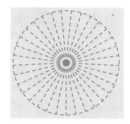

图6-122

05 选取网格图形，单击鼠标右键，打开快捷菜单，选择"变换>缩放"命令，打开"比例缩放"对话框，取消选中"比例缩放描边和效果"选项，设置等比缩放参数为33%，单击"复制"按钮，缩放并复制一个网格图形，如图6-123和图6-124所示。

图6-123

图6-124

06 使用"选择工具" ，将小的网格图形移动到右侧，设置描边颜色为深蓝色，如图6-125所示。使用"直线工具" ，按住Shift键创建垂线，如图6-126所示。再制作若干网格图形，效果如图6-127所示。

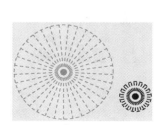

图6-125

图6-126

图6-127

07 使用"椭圆工具" ，在画面下方创建一个椭圆形，设置描边粗细为2pt，如图6-128所示。继续添加椭圆形，如图6-129所示。

图6-128

图6-129

08 绘制一些椭圆形并填充不同的颜色，如图6-130和图6-131所示。

图6-130

图6-131

09 在画面左下角绘制红色的圆形，如图6-132所示。创建一个圆形，设置描边粗细为7pt，如图6-133所示。

图6-132

图6-133

10 再绘制一个椭圆形，填充线性渐变，如图6-134所示。按快捷键Ctrl+C复制圆形，按快捷键Ctrl+F，将其粘贴到前面，将填充设置为无，在控制面板中设置描边颜色为白色。打开"描边"面板，选中"虚线"选项，效果如图6-135所示。

图 6-134 　　　　　　　　 图 6-135

11 使用"文字工具" T 输入文字，在控制面板中设置
字体及大小，如图6-136所示。

12 在左上角绘制一些椭圆形和矩形，重叠排列以形成层
次感，如图6-137所示。再绘制一些填充不同颜色的
圆形作为点缀，效果如图6-138所示。

图 6-136 　　　　　　　 图 6-137

图 6-138

13 将"图层3"拖曳到 按钮上进行复制，在图层后
面单击，选中图层中的所有对象，如图6-139和图
6-140所示。

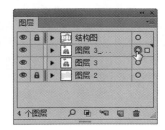

图 6-139

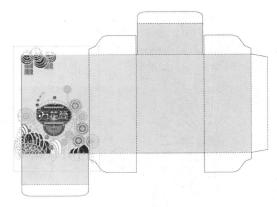

图 6-140

14 按住Shift键并拖曳图形到包装盒背面，进行复制，效
果如图6-141所示。对文字及装饰的图形进行修改，
效果如图6-142所示。

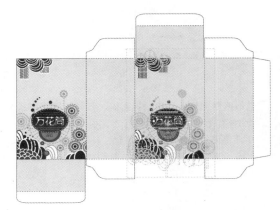

图 6-141

图 6-142

15 新建"图层5"，如图6-143所示，使用"文字工
具" T 在包装盒的侧面输入产品规格、特点等文字
说明，如图6-144所示。

图 6-143

图 6-144

16 将包装盒正面的花纹图案复制到盒盖上，效果如图6-145所示。包装盒展开图的整体效果如图6-146所示。

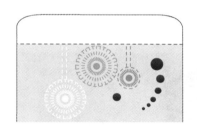

图 6-145

图 6-146

17 使用"选择工具" [图标] 单击并拖出一个矩形框，选中包装盒的正面图形，如图6-147所示。按住Shift键并单击包装盒轮廓图形，取消选中该图形，只选择正面图案，如图6-148所示。

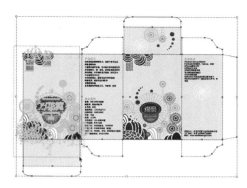

图 6-147

图 6-148

18 单击"符号"面板中的 [图标] 按钮，将所选图形定义为符号，如图6-149所示。采用相同的方法，将包装盒侧面的图形和文字也创建为一个符号，如图6-150和图6-151所示。

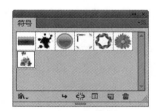

图 6-149

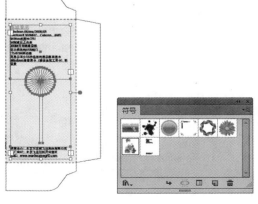

图 6-150   图 6-151

19 使用"矩形工具" █ 创建一个与包装盒正面相同大小的矩形，如图6-152所示。执行"效果>3D>凸出和斜角"命令，在打开的对话框中设置参数，如图6-153所示。

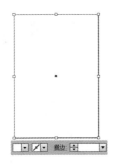

图 6-152

图 6-153

20 单击该对话框底部的"更多选项"按钮，显示隐藏的选项。单击 █ 按钮添加新的光源，并稍微向下方移动，如图6-154所示，立方体效果如图6-155所示。

图 6-154   图 6-155

21 单击该对话框底部的"贴图"按钮，打开"贴图"对话框。在"符号"下拉列表中选择自定义的符号，为包装盒正面贴图。选择贴图后，可以按住Shift键并拖曳控制点调整贴图的大小，如图6-156和图6-157所示。

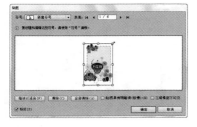

图 6-156   图 6-157

22 单击 ▶ 按钮，切换到侧面，为侧面贴图，如图6-158所示。将光标放在定界框外，按住Shift键并拖曳鼠标旋转贴图，如图6-159所示。关闭该对话框。最后可以添加一个渐变颜色的背景，效果如图6-160所示。

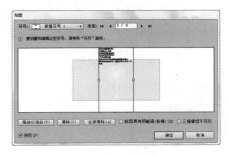

图 6-158

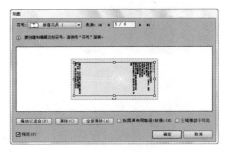

图 6-159

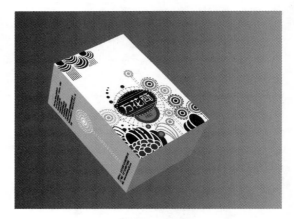

图 6-160

6.7 实战：花之恋礼品盒

6.7.1 制作梦幻背景

01 新建一个大小为210mm×297mm、CMYK模式的文件。选择"矩形工具" █，在画板左上角单击鼠标，打开"矩形"对话框，设置参数，如图6-161所示，创建一个与画板大小相同的矩形，填充径向渐变，如图6-162和图6-163所示。

图 6-161 图 6-162

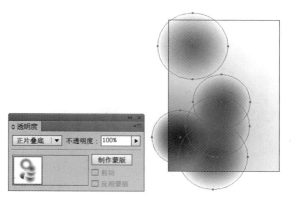

图 6-167

图 6-163

02 使用"椭圆工具"  创建一个圆形，如图6-164和图6-165所示。再创建4个圆形，分别填充不同颜色的渐变，如图6-166所示。

图 6-164

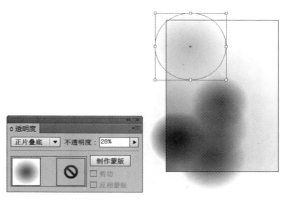

图 6-168

04 再绘制3个正圆形，填充径向渐变，如图6-169所示，设置它们的混合模式均为"叠加"，效果如图6-170所示。

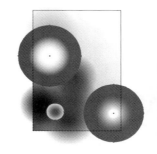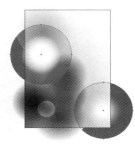

图 6-169 图 6-170

05 选择其中两个稍大的圆形，执行"效果>风格化>羽化"命令，添加"羽化"效果，如图6-171和图6-172所示。选择较小的圆形，设置不透明度为27%，效果如图6-173所示。

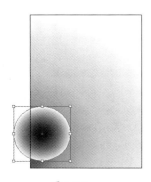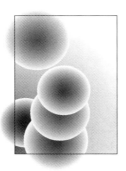

图 6-165 图 6-166

03 使用"选择工具" ，按住Shift键并单击这5个圆形，将它们选中，设置混合模式为"正片叠底"，如图6-167所示。选中最上面的圆形，设置"不透明度"为28%，如图6-168所示。

图 6-171

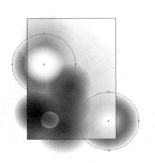

图 6-172

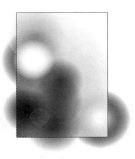

图 6-173

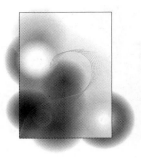

图 6-177

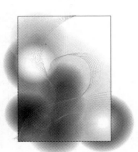

图 6-178

06 使用"钢笔工具"绘制两条路径，一条的描边颜色为白色，另一条为蓝色，如图6-174和图6-175所示。

08 选择背景的矩形，按快捷键Ctrl+C复制，在空白处单击鼠标，取消选择，按快捷键Ctrl+F，将其粘贴至顶层。单击"图层"面板中的按钮，创建剪切蒙版，如图6-179和图6-180所示。

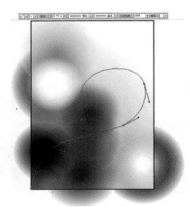

图 6-174

图 6-179

图 6-180

6.7.2 制作花朵

01 新建"图层2"，将"图层1"锁定，如图6-181所示。使用"多边形工具"绘制一个多边形，填充白色，无描边，如图6-182所示。

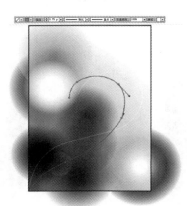

图 6-175

图 6-181

图 6-182

07 选中这两条路径，按快捷键Ctrl+Alt+B建立混合。双击"混合工具"，在打开的对话框中设置参数，如图6-176所示，效果如图6-177所示。使用同样的方法制作另外两组混合效果，如图6-178所示。

02 执行"效果>扭曲和变换>收缩和膨胀"命令，对图形进行扭曲，如图6-183和图6-184所示。按快捷键Ctrl+C复制图形，按快捷键Ctrl+F，将其粘贴至顶层，适当缩小并调整颜色和角度，如图6-185所示。

图 6-176

图 6-183

 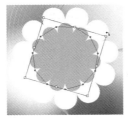

图 6-184　　　　　　　　图 6-185

03 按快捷键Ctrl+F，再次粘贴，然后调整图形的大小、颜色和角度，如图6-186所示。选择这三个图形，按快捷键Ctrl+Alt+B创建混合。双击"混合工具" ，在打开的对话框中设置参数，如图6-187和图6-188所示。

图 6-186　　　　　　　　图 6-187

图 6-188

04 使用"星形工具" 创建一个星形，如图6-189所示。按快捷键Alt+Shift+Ctrl+E，打开 "收缩和膨胀"对话框，修改参数，如图6-190和图6-191所示。

图 6-189　　　　　　　　图 6-190

图 6-191

05 按快捷键Ctrl+C复制图形，按快捷键Ctrl+F，将其粘贴至顶层，将图形缩小，调整颜色和角度，如图6-192所示。选中这两个图形，按快捷键Ctrl+Alt+B创建混合，设置混合步数为5，效果如图6-193所示。按快捷键Ctrl+F再次粘贴，将颜色调亮后缩小并旋转，将其作为花心，如图6-194所示。

图 6-192　　　　　　　　图 6-193

图 6-194

06 按快捷键Ctrl+A，将花朵图形全部选取，按快捷键Ctrl+G编组。复制图形，并将复制后的图形缩小。按快捷键Ctrl+[，将花朵后移一层，在"透明度"面板中设置该花朵的不透明度为52%，效果如图6-195所示。复制更多的花朵并分布在画面中，调整它们的大小、前后位置和不透明度，效果如图6-196所示。

图 6-195

图 6-196

07 用"钢笔工具"  绘制一个图形，填充线性渐变，如图6-197和图6-198所示。按快捷键Shift+Ctrl+[，将该图形移至底层，如图6-199所示。采用同样的方法制作其他花茎，如图6-200所示。

图6-197　　　　　　　图6-198

图6-199　　　　　　　图6-200

6.7.3　添加光晕和文字

01 用"光晕工具" 创建光晕图形，如图6-201和图6-202所示。

图6-201　　　　　　　图6-202

02 用"文字工具" T 输入文字，如图6-203所示。将花茎图形复制到画面右下角，按快捷键Ctrl+[，将该图形后移一层，如图6-204所示。

图6-203　　　　　　　图6-204

6.7.4　制作包装效果图

01 执行"文件>导出"命令，打开"导出"对话框，在保存类型下拉列表中选择JPEG格式，如图6-205所示，单击"保存"按钮，弹出"JPEG选项"对话框，使用默认参数即可，如图6-206所示，单击"确定"按钮，将文件导出。

图6-205

图6-206

02 启动Photoshop，打开上一步操作导出的文件，如图6-207所示。选择"裁剪工具" ，在工具选项栏中设置宽度为210毫米、高度为297毫米、分辨率为72像素/英寸，在图像上单击并拖曳鼠标，定义裁切区域，如图6-208所示，按回车键，将图像中的白边裁剪掉，如图6-209所示。将文件保存后关闭。

图 6-207

图 6-208

图 6-209

03 在Illustrator中新建一个大小为297mm×210mm、CMYK模式的文件。执行"文件>置入"命令，选择前面保存的文件，取消选中"链接"选项，如图6-210所示，单击"确定"按钮，置入图像，如图6-211所示。

图 6-210

图 6-211

04 执行"效果>3D>旋转"命令，在打开的对话框中设置参数，如图6-212所示，效果如图6-213所示。绘制包装盒的另外两个面，并填充渐变，如图6-214所示。

图 6-212

图 6-213

图 6-214

05 创建一个与文档大小相同的矩形，填充线性渐变。按快捷键Shift+Ctrl+[，将其移动到底层，如图6-215所示。用"直线工具" ⁄ 在背景上绘制纵横交错的直线。选中"描边"面板中的"虚线"选项，并设置参数，如图6-216所示，效果如图6-217所示。

图 6-215　　　　　　　　图 6-216

图 6-221　　　　　　　　图 6-222

08 通过剪切蒙版将画板外的图形隐藏，再输入文字，最终效果如图6-223所示。

图 6-223

图 6-217

06 绘制投影图形，如图6-218所示。调整它的混合模式和不透明度，如图6-219和图6-220所示。

图 6-218　　　　　　　　图 6-219

图 6-220

07 选择"花之恋"文件中的花朵与花茎图形，拖曳到当前文档中，按快捷键Ctrl+G编组，用"倾斜工具" ⇗ 拖曳图形进行变形处理，调整它的混合模式和不透明度，如图6-221和图6-222所示。

学习重点

● 实战：卡通形象设计
● 实战：动漫角色设计
● 实战：绘制超写实效果人像

扫描二维码，关注李老师的个人小站，了解更多 Photoshop、Illustrator 实例和操作技巧。

第7章

卡通、动漫设计

7.1 关于卡通和动漫

　　卡通是英语 Cartoon 的汉语音译。卡通作为一种艺术形式最早起源于欧洲。17 世纪的荷兰，画家的笔下首次出现了含卡通夸张意味的素描图轴。17 世纪末，英国的报刊上出现了许多类似卡通效果的幽默插图。随着报刊出版业的繁荣，到了 18 世纪初，出现了专职卡通画家。20 世纪是卡通发展的黄金时代，这一时期美国卡通艺术的发展水平居于世界的领先地位，期间诞生了超人、蝙蝠侠、闪电侠、潜水侠等超级英雄形象。第二次世界大战后，日本卡通正式如火如荼地展开，从手冢治虫的漫画发展出来的日本风格的卡通，再到宫崎骏的崛起，在全世界都造成了一股旋风。如图 7-1 所示为各种版本的多啦 A 梦趣味卡通形象。

图 7-1

　　动漫属于 CG（ComputerGraphics 简写）行业，主要是指通过漫画、动画结合故事情节，以平面二维、三维动画、动画特效等表现手法，形成特有的视觉艺术创作模式。它包括前期策划、原画设计、道具与场景设计、动漫角色设计等环节。动漫及其衍生品有着非常广阔的市场，而且现在动漫也已经从平面媒体和电视媒体扩展到游戏机、网络、玩具等众多领域，如图 7-2 和图 7-3 所示。

动画《海贼王》

图7-2

精美的动漫手办

图7-3

7.2 实战：卡通形象设计

01 使用"椭圆工具" ⬭ 绘制一个椭圆形，填充皮肤色，如图7-4所示。绘制一个稍小的椭圆形，填充白色，如图7-5所示。选择"删除锚点工具" ✐，将光标放在图形上方的锚点上，如图7-6所示，单击鼠标删除锚点。选择"直线段工具" ╱，按住Shift键绘制3条竖线，以皮肤色作为描边颜色，如图7-7所示。

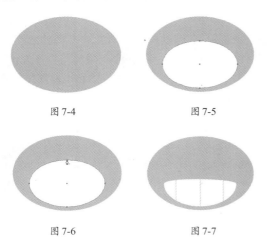

图7-4　　　　　　　　图7-5

图7-6　　　　　　　　图7-7

02 使用"钢笔工具" ✐ 绘制眼睛，填充粉红色，如图7-8所示。使用"椭圆工具" ⬭，按住Shift键绘制一个正圆形，如图7-9所示。

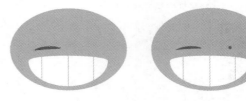

图7-8　　　　　　　　图7-9

03 在脸颊左侧绘制一个圆形，填充径向渐变，如图7-10和图7-11所示。

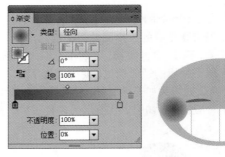

图7-10　　　　　　　　图7-11

04 单击浅粉色的渐变滑块，将它的不透明度设置为0%，如图7-12和图7-13所示。使用"选择工具" ▸，按住Shift+Alt键并向右拖曳图形进行复制，如图7-14所示。

图7-12

05 使用"钢笔工具" ✐ 绘制耳朵，如图7-15所示。再绘制一个稍小的耳朵图形，填充线性渐变，如图7-16和图7-17所示。

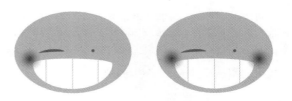

图7-13　　　　　　　　图7-14

图 7-15

图 7-16

图 7-17

06 选中这两个耳朵图形，选择"镜像工具" ，按住Alt键并在面部的中心单击鼠标，以该点为镜像中心，同时弹出"镜像"对话框，选择"垂直"选项，单击"复制"按钮，如图7-18所示，复制出的耳朵图形正好位于画面右侧，如图7-19所示。选中耳朵图形，按快捷键Shift+Ctrl+[，将其移至底层，如图7-20所示。

图 7-18

图 7-19

图 7-20

07 使用"钢笔工具" 绘制身体，如图7-21所示。按住Ctrl键切换为"选择工具" ，选中整条路径，选择"镜像工具" ，将光标放在路径的起始点，如图7-22所示，按住Alt键并单击鼠标，弹出"镜像"对话框，选择"垂直"选项，单击"复制"按钮，复制并镜像路径，如图7-23所示。

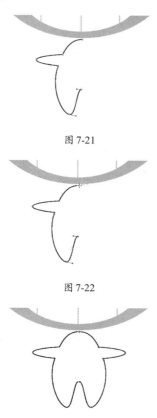

图 7-21

图 7-22

图 7-23

08 使用"直接选择工具" 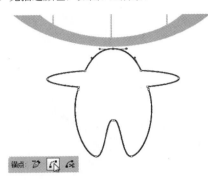 单击拖曳一个小的矩形框，选中两条路径上方的锚点，单击控制面板中的"连接所选终点"按钮 ，再选取两条路径结束点的锚点进行连接，形成一个完全对称的图形，如图7-24所示，填充粉红色，无描边颜色，如图7-25所示。

图 7-24

图 7-25

09 使用"选择工具" ，按住Shift键并单击面部椭圆形、两个耳朵和身体图形，将其选中，按住Alt键并拖曳到画面的空白处，复制这几个图形，如图7-26所示。单击"路径查找器"面板中的 按钮，将图形合并在一起，如图7-27所示。

图 7-26

图 7-27

10 按快捷键Shift+X，将填充颜色转换为描边颜色。将图形缩小并复制，将其描边颜色设置为粉红色。使用"矩形工具" 绘制一个矩形，无填充与描边颜色，如图7-28所示。选中这三个图形，将其拖曳到"色板"中创建为图案，如图7-29所示。创建一个矩形，填充该图案。如图7-30所示为用卡通形象和图案组合成的效果。

图 7-28

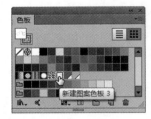

图 7-29

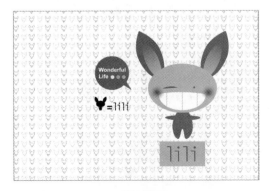

图 7-30

7.3 实战：小青蛙

7.3.1 制作小青蛙

01 使用"钢笔工具" ✍ 绘制一个图形，如图7-31所示。

图 7-31

02 选择"网格工具" ▦ ，在图形上单击鼠标，添加网格点，如图7-32和图7-33所示。将网格点向下拖曳，使网格线呈弯曲状，这样在填充颜色后能够表现出小青蛙微笑的表情，如图7-34所示。

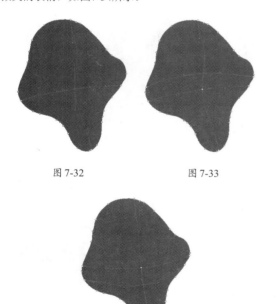

图 7-32　　　　　　　图 7-33

图 7-34

03 在纵向网格线上单击鼠标，添加一个网格点，同时生成一条横向网格线，在"颜色"面板中拖曳滑块，将填充颜色调整为深绿色，效果如图7-35所示。在该横向网格线的左右两侧添加网格点，以限定嘴角范围，如图7-36所示。再添加两个网格点，将颜色调浅，以表现嘴唇的厚度，如图7-37所示。按住Ctrl键并在画面空白处单击鼠标，取消

选中状态，效果如图7-38所示。

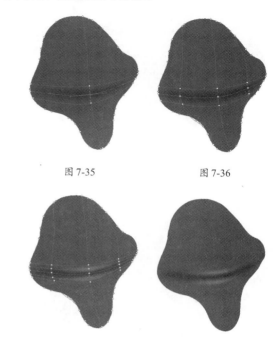

图 7-35　　　　　　　图 7-36

图 7-37　　　　　　　图 7-38

04 分别在左、右嘴角处添加网格点，填充与面部相同的绿色，新添加的网格点位于颜色最深的横向网格线上，如图7-39和图7-40所示，效果如图7-41所示。

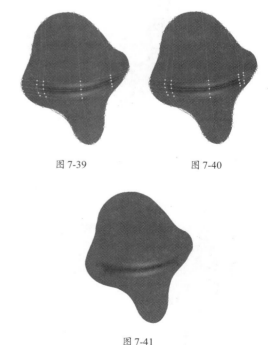

图 7-39　　　　　　　图 7-40

图 7-41

05 继续添加网格点，如图7-42和图7-43所示。

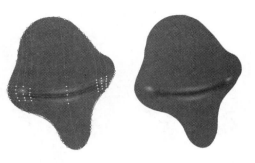

图 7-42　　　　　　　　图 7-43

06 在额头添加网格点，调整图形边缘处的网格点颜色，如图7-44和图7-45所示。在颈部添加网格点，如图7-46所示。

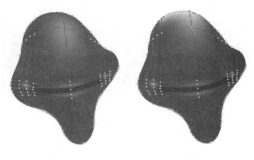

图 7-44　　　　　　　　图 7-45

图 7-46

07 使用"直接选择工具" ![箭头] 拖出矩形选框，选取面部左侧的网格点，如图7-47所示，填充浅绿色，再选择面部右侧的网格点，也填充该颜色，效果如图7-48所示。

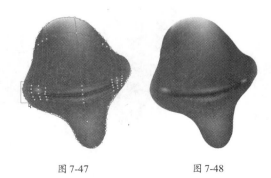

图 7-47　　　　　　　　图 7-48

Point 如果网格对象比较复杂，使用"网格工具" ![图标] 选择网格点时，位置稍有偏差都会变为添加网格点的操作，为了避免出现这种现象，可以使用"直接选择工具" ![箭头] 进行选取，该工具不仅可以移动网格点的位置，还能够对网点的方向线进行调整。

08 使用"椭圆工具" ![图标]，按住Shift键创建一个正圆形，如图7-49所示。使用"网格工具" ![图标]，在圆形内单击鼠标添加网格点，填充白色，如图7-50所示。选择圆形最下面的网格点，填充深绿色，如图7-51所示。选择圆形右侧的网格点，填充浅灰色，如图7-52所示。

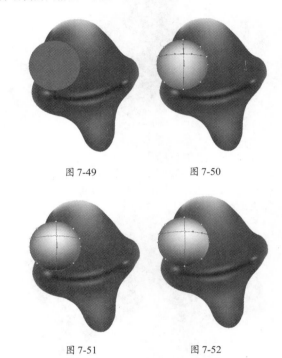

图 7-49　　　　　　　　图 7-50

图 7-51　　　　　　　　图 7-52

09 再创建两个圆形，并重叠放置，如图7-53所示。将它们选中，单击"路径查找器"面板中的"与形状区域相减"按钮 ![图标]，如图7-54所示，得到一个月牙状图形，如图7-55所示，填充绿色，无描边颜色，如图7-56所示。使用"网格工具" ![图标] 编辑该图形，效果如图7-57所示。

图 7-53　　　　　　　　图 7-54

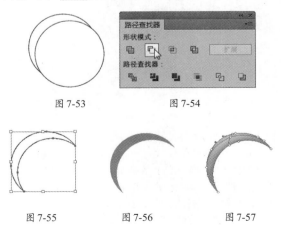

图 7-55　　　　　图 7-56　　　　　图 7-57

10 将图形移动到眼睛上方，如图7-58所示。使用"椭圆工具" ⬭ 创建两个圆形，作为眼珠，填充渐变颜色，在上面创建一个椭圆形，填充白色，效果如图7-59所示。

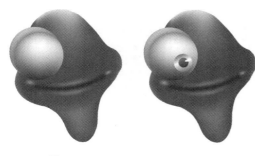

图 7-58　　　　　图 7-59

11 选择组成眼睛的图形，按快捷键Ctrl+G编组。双击"镜像工具" ▷ ，在打开的对话框中选择"垂直"选项，如图7-60所示，单击"复制"按钮，镜像并复制眼睛图形，调整位置和角度，再绘制鼻孔，效果如图7-61所示。

图 7-60　　　　　图 7-61

12 使用"矩形工具" ▢ 创建一个矩形，填充白色。使用"网格工具" ▨ 编辑该图形，效果如图7-62和图7-63所示。

图 7-62

图 7-63

13 创建一个椭圆形作为手指，使用"网格工具" ▨ 编辑颜色，如图7-64所示。执行"效果>风格化>投影"命令，添加"投影"效果，如图7-65和图7-66所示。

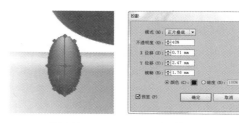

图 7-64　　　　　图 7-65

图 7-66

14 复制手指图形并调整大小。绘制一些白色的椭圆形作为高光，设置这些高光图形的不透明度为50%，使小青蛙的表面像玻璃一样明亮，如图7-67所示。

图 7-67

7.3.2 添加符号图形

01 执行"窗口>符号库>庆祝"命令，打开"庆祝"符号库，如图7-68所示。

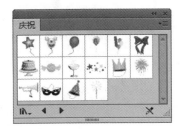

图 7-68

02 将符号库中的符号拖曳到画板中，用来装扮小青蛙，营造一个化装舞会的空间氛围，增加欢乐气氛，如图7-69和图7-70所示。

图 7-69

图 7-70

7.4 实战：动漫角色设计

7.4.1 绘制面部

01 新建一个大小为210mm×297mm、CMYK模式的文件。使用"钢笔工具" 绘制女孩的头部轮廓和眼睛。眼睛的路径比较复杂，可以先绘制大概的形状，再通过添加锚点、移动和转换锚点等方法编辑路径，如图7-71和图7-72所示。

图 7-71　　　　　图 7-72

02 绘制两条开放式路径，作为眼眉。执行"窗口>画笔库>艺术效果>艺术效果_粉笔炭笔铅笔"命令，打开该画笔库。选择这两条路径，单击如图7-73所示的样本，为路径描边，如图7-74所示。使用"钢笔工具" 绘制鼻子、嘴、面部高光，以及五官的阴影，如图7-75所示。

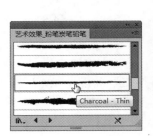

图 7-73　　　　　图 7-74

图 7-75

03 选中如图7-76所示的3个图形，执行"效果>风格化>羽化"命令，添加"羽化"效果，如图7-77和图7-78所示。

图 7-76 图 7-77

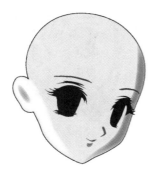

图 7-78

7.4.2 刻画眼睛和头发

01 使用"钢笔工具" 绘制女孩的头发，如图7-79所示。使用"椭圆工具" 在眼睛上绘制几个大小不一的圆形，填充白色，使眼睛变得更加明亮，如图7-80所示。

图 7-79 图 7-80

02 选择如图7-81所示的圆形，按快捷键Alt+Shift+Ctrl+E，打开"羽化"对话框，修改羽化值，如图7-82和图7-83所示。

图 7-81

图 7-82 图 7-83

03 使用"钢笔工具" 绘制两个月牙状图形，下面的填充深蓝色，上面的填充浅蓝色，如图7-84所示。选中这两个图形，按快捷键Ctrl+Alt+B建立混合，双击"混合工具" ，在打开的对话框中修改混合步数，如图7-85和图7-86所示。选择混合后的图形，按住Alt键并向右拖曳进行复制，将图形缩小并调整角度，如图7-87所示。

图 7-84 图 7-85

图 7-86 图 7-87

04 使用"钢笔工具" 绘制头发，表现头发的层次感，如图7-88所示。再绘制若干个图形，作为头发的高光，如图7-89所示。完成女孩头部的绘制工作后，按快捷键Ctrl+A全选，按快捷键Ctrl+G编组。

图 7-88 图 7-89

7.4.3 绘制衣服和翅膀

01 绘制女孩的身体、高光和投影，如图7-90和图7-91所示。选择投影图形，按快捷键Alt+Shift+Ctrl+E，打开"羽化"对话框，设置羽化半径为1.85mm，效果如图7-92所示。选择组成身体的图形，按快捷键Ctrl+G编组。

图 7-90

图 7-91

图 7-92

02 绘制脖子上系的丝带、高光和阴影，如图7-93所示。绘制两条开放式路径，用来表现丝带的皱褶，如图7-94所示。绘制其他丝带和衣边的丝带装饰，如图7-95所示。

图 7-93

图 7-94

图 7-95

03 单击"画笔"面板中的 ▇▇、按钮，在打开的菜单中，选择"边框>边框_新奇"命令，打开该面板。单击如图7-96所示的画笔，将其载入到"画笔"面板中，如图7-97所示。双击"画笔"面板中的样本，打开"图案画笔选项"对话框，在"方法"下拉列表中选择"淡色和暗色"，如图7-98所示。

图 7-96   图 7-97

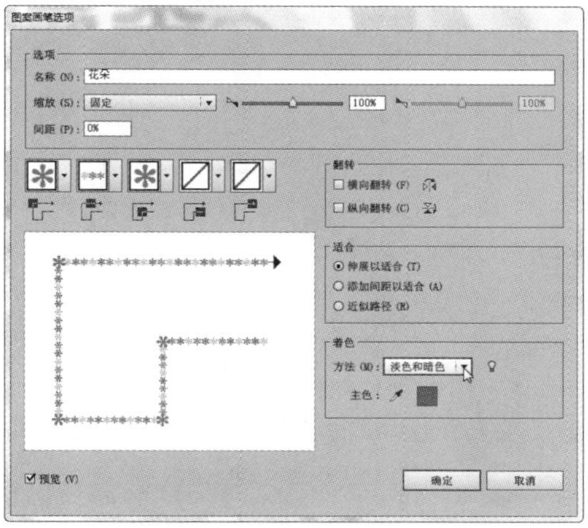

图 7-98

04选择“画笔工具”，在衣服上绘制花边，如图7-99所示。由于衣领是最后绘制的，丝带部分遮挡了垂下的发丝，应对图形的前后位置进行调整。头部和身体部分已经分别编组，因此，把它们当作两个图形即可，关键是选择衣领部分，将它移动到头部后面。先按快捷键Ctrl+A全选，然后使用“选择工具”，按住Shift键并在头部和身体上分别单击，排除它们的选中状态，只保留衣服的选中状态，按快捷键Ctrl+G编组，按快捷键Ctrl+[，将其后移一层，如图7-100和图7-101所示。

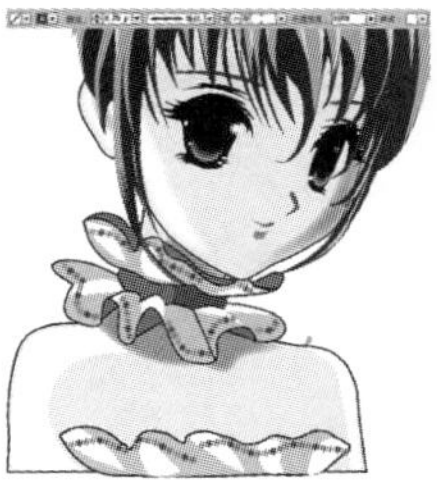

图 7-99

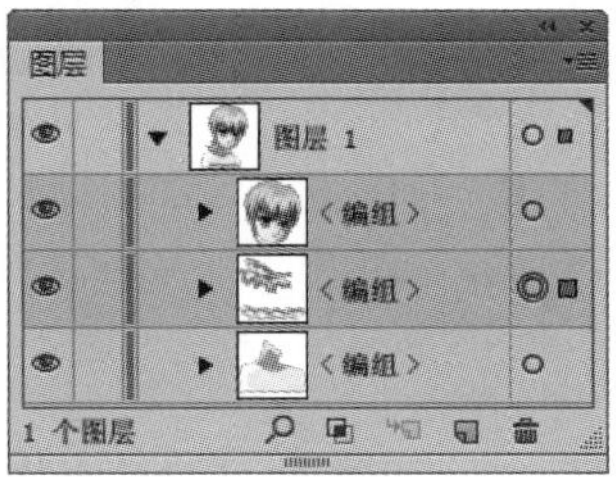

图 7-100

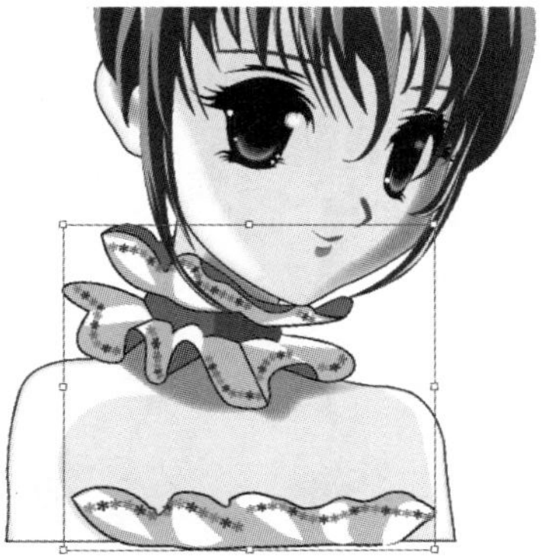

图 7-101

05用“钢笔工具”绘制翅膀，无填充颜色，如图7-102所示。按快捷键Ctrl+C复制，在以后的操作中会用到。使用“刻刀工具”在翅膀图形上拖曳出一条分割线，如图7-103所示。

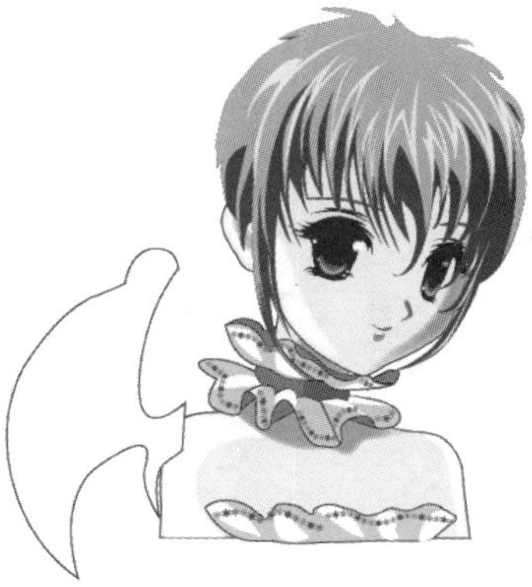

图 7-102

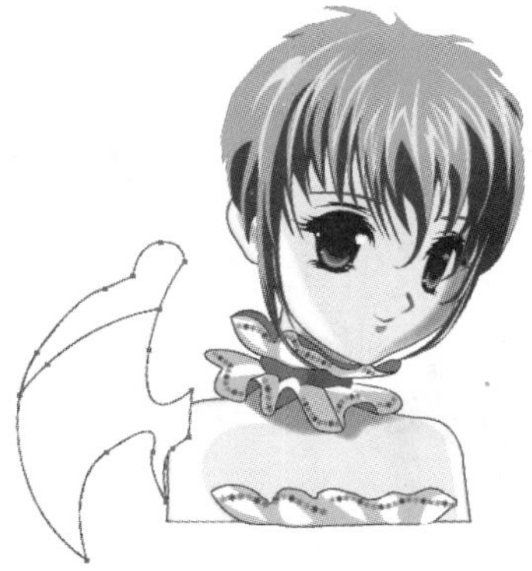

图 7-103

06用“直接选择工具”选中分割后的图形，填充粉色，如图7-104所示。为另一个图形填充渐变，如图7-105和图7-106所示。

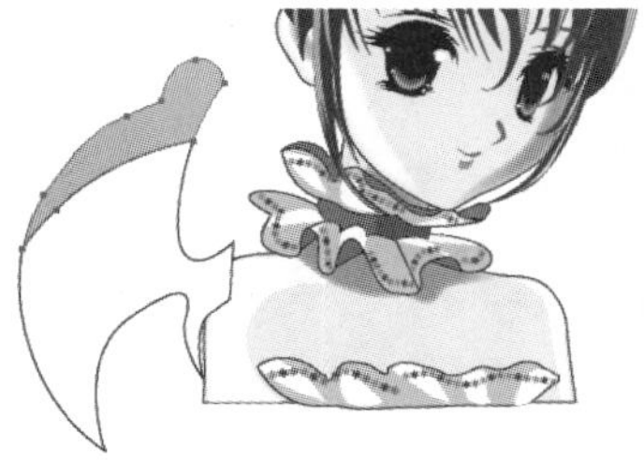

图 7-104

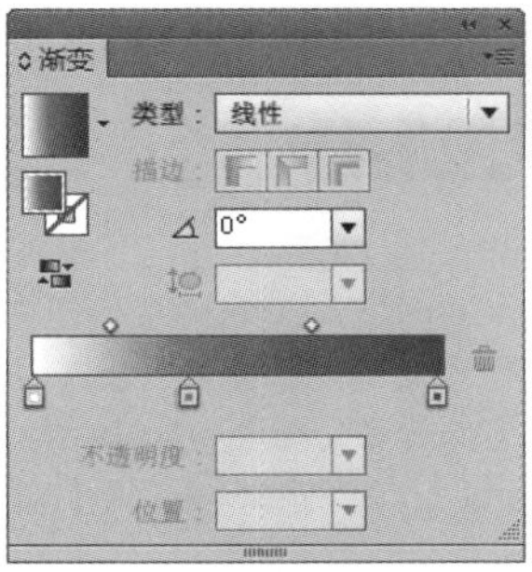

图 7-105

图 7-106

07 按快捷键Ctrl+F，将复制的路径粘贴到顶层，如图7-107所示。采用同样的方法制作另一侧的翅膀，按快捷键Shift+Ctrl+[，将翅膀移至底层，如图7-108所示。

图 7-107

图 7-108

7.4.4 制作人物背景

01 使用"椭圆工具" 绘制一个椭圆形，填充线性渐变，如图7-109所示。双击"旋转扭曲工具" ，在打开的对话框中将"旋转扭曲速率"设置为负值，这样可以使图形向顺时针方向旋转，如图7-110所示。

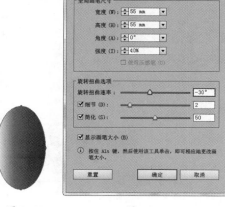

图 7-109   图 7-110

02 使用"旋转扭曲工具" ，在椭圆形上单击并拖曳鼠标，创建花纹效果，如图7-111所示。使用变形工具组中的工具时，画笔的尺寸、强度、鼠标在图形上停留时间的长短、拖曳鼠标的速度等都会使图形产生不同的变化，如图7-112所示。

图 7-111   图 7-112

03 使用"钢笔工具" 绘制边框，再用上面制作的花纹图形进行装饰，如图7-113所示。

图 7-113

04 单击"符号"面板底部的 按钮，在打开的菜单中选择"花朵"命令，打开该面板，将"玫瑰"符号拖曳到画板中，如图7-114和图7-115所示。

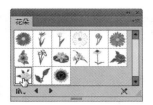

图 7-114

图 7-115

05 将填充颜色设置为红色，用"符号着色器工具" 在符号上单击鼠标，改变它的颜色，如图7-116所示。将玫瑰花装饰在边框的左上角，用"花朵"面板中的芙蓉花装饰边框的左下角，如图7-117所示。将组成边框的图形选中，按快捷键Ctrl+G编组。

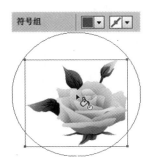

图 7-116

图 7-117

06 按住Ctrl+Alt键并单击"图层"面板中的"创建新图层"按钮 ，在当前图层下方新建"图层2"，如图7-118所示。用"钢笔工具" 绘制一个背景图形，填充线性渐变，如图7-119和图7-120所示。

图 7-118

图 7-119

图 7-120

07 选择"图层1"中的花纹图案，按快捷键Ctrl+C复制，选择"图层2"，按快捷键Ctrl+V进行粘贴。调整图形的大小和角度，如图7-121所示。选择这些花纹，按快捷键Ctrl+G编组，设置混合模式为"柔光"，如图7-122和图7-123所示。

图 7-121

图 7-122

图 7-126

图 7-123

09 选择"图层1"，在该图层中添加一些雏菊作为点缀，如图7-127所示。打开"艺术纹理"符号库，选择"大点刻"符号，如图7-128所示，用"符号喷枪工具" 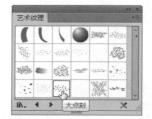 创建一组符号，设置混合模式为"叠加"，效果如图7-129所示。

图 7-127

08 将"雏菊"符号拖曳到画板中，如图7-124和图7-125所示。选择背景中的雏菊花朵，编组并设置混合模式为"叠加"，如图7-126所示。

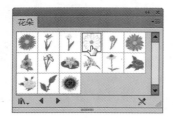

图 7-124

图 7-125

图 7-128

图 7-129

7.4.5 制作光盘

01 新建"图层3",将其他两个图层锁定,如图7-130所示。用"椭圆工具" 创建一个圆形,如图7-131所示。执行"对象>路径>轮廓化描边"命令,将描边转换为轮廓。为图形填充线性渐变,如图7-132和图7-133所示。

图 7-130　　　　　图 7-131

图 7-132　　　　　图 7-133

02 将光盘图形移动到封面右下角。按快捷键Ctrl+C复制,按快捷键Ctrl+B,将其粘贴在后面,将填充颜色修改为白色,再将复制后的图形缩小,如图7-134所示。

图 7-134

03 创建一个与画板大小相同的矩形,单击"图层"面板中的 按钮,创建剪切蒙版,将矩形以外的部分隐藏,如图7-135和图7-136所示。

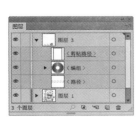

图 7-135　　　　　图 7-136

7.4.6 制作封面图形及文字

01 绘制一个黑色的矩形,按快捷键Shift+Ctrl+[,将它移至底层。用"钢笔工具" 在光盘上面绘制一个白色图形,如图7-137所示。用"圆角矩形工具" 绘制一个圆角矩形,填充白色,描边颜色为浅绿色,粗细为2.8pt,复制该图形,如图7-138所示。

图 7-137

图 7-138

02 打开"通讯"符号库,如图7-139所示,将"写作"和"台式机1"符号拖曳到画板中。用"文字工具" 输入文字,如图7-140所示。

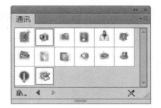

图 7-139

图 7-140

03 创建一个圆角矩形,如图7-141所示。执行"效果>风格化>投影"命令,添加"投影"效果,如图7-142和图7-143所示。在其上面输入文字,如图7-144所示。

图 7-141　　　　　图 7-142

191

图 7-143

图 7-144

图 7-146

图 7-147

04 在封面上输入其他文字，完成后的效果如图7-145
所示。

图 7-145

03 使用"钢笔工具" ![pen] 绘制面部图形，应略大于面部
所要显示的范围，以后绘制头发时（如刘海部分）就
可以衬托在头发后面了，如图7-148所示。

图 7-148

7.5 实战：绘制超写实效果人像

7.5.1 绘制面部

01 按快捷键Ctrl+N，打开"新建文档"对话框，新建一
个230mm×297mm、CMYK模式的文档。

02 执行"文件>置入"命令，置入光盘中的素材，这是
笔者绘制的人物画，可作为临摹时的参考图。将图
像置入文档后，放在画板左侧。使用"铅笔工具" ![pencil] 在画
板中绘制人物的轮廓，如图7-146所示。双击"图层1"，
在打开的对话框中修改图层名称为"轮廓"。在"轮廓"
图层前面的空白处单击鼠标，锁定该图层。按下Alt+Ctrl键
单击 ![button] 按钮，在当前图层下方新建一个图层，命名为"面
部"，如图7-147所示。

04 使用"矩形工具" ![rect] 创建一个与画板大小相同的矩
形，填充黑色，按快捷键Ctrl+[，将其向后移动，按
快捷键Ctrl+2，锁定矩形，如图7-149和图7-150所示。现在
画面中唯一可编辑的就是面部图形了。

图 7-149

图 7-150

05 先从人物面部的暗部区域开始绘制。选择"网格工具" ，在眼窝处单击添加网格点，在"颜色"面板中调整颜色，如图7-151和图7-152所示。

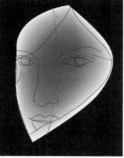

图7-151

图7-152

Point 选择网格点，然后选择"吸管工具" 🖊，将光标放在一个单色填充的对象上，单击鼠标即可拾取该对象的颜色，并应用到所选网格点中。为网格点着色后，如果使用"网格工具" 🔳 在网格区域单击，则新生成的网格点将与上一个网格点使用相同的颜色。如果按住 Shift 键单击，则可添加网格点，但不改变其填充颜色。按住Shift键在位图图像上单击，可拾取位图颜色作为填充颜色。

06 在眼角处添加网格点，如图7-153和图7-154所示。

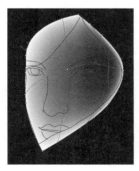
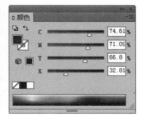

图7-153　　　　　　图7-154

07 在鼻梁处添加浅色的网格点，使大面积的深颜色得到控制，如图7-155和图7-156所示。

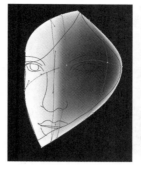
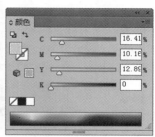

图7-155　　　　　　图7-156

08 继续在面部添加浅色网格点，将深色范围限定在眼窝区域，如图7-157所示。在眼睛处添加深棕色网格点，如图7-158和图7-159所示。

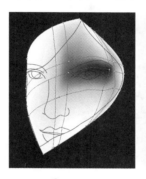
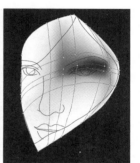

图7-157　　　　　　图7-158

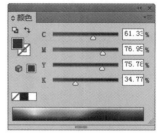

图7-159

09 选择"套索工具" 🔾，在网格边缘单击并拖曳鼠标，选取边缘的网格点，将填充颜色设置为黑色，如图7-160所示。使用"网格工具" 🔳 继续添加网格点，表现鼻子的大致结构，如图7-161所示。在这里我们没有制作特别复杂的网格图形去表现面部，而是要在以后逐步深入刻画时，通过绘制小的图形去表现细节，这样可以降低人物的制作难度。网格添加完毕后，按住Ctrl键在画面的空白区域单击鼠标，取消选择，效果如图7-162所示。

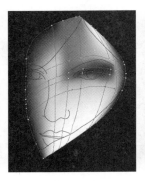 

图7-160   图7-161

图7-162

7.5.2 绘制眼睛

01 锁定"面部"图层，单击 🔲 按钮，新建一个图层，命名为"眼睛"，如图7-163所示。

图7-163

02 使用"铅笔工具" 🖊 绘制眼眉图形，分别填充不同的渐变颜色，如图7-164所示，左侧眼眉的渐变颜色如图7-165所示，右侧眼眉的颜色如图7-166所示。

图7-164

图7-165   图7-166

03 选取左侧眼眉，执行"效果>风格化>羽化"命令，添加"羽化"效果，如图7-167所示。选取右侧眼眉，按快捷键Alt+Shift+Ctrl+E，打开"羽化"对话框，设置羽化半径为2mm，效果如图7-168所示。

图7-167

图7-168

Point 如果羽化半径不是以毫米为单位的，可执行"编辑>首选项>单位"命令，在打开的对话框中将"常规"的单位设置为"毫米"。

04 绘制眼线及眼白图形，分别填充黑色与渐变颜色，如图7-169所示。选取眼白图形，按快捷键Alt+Shift+Ctrl+E，打开"羽化"对话框，设置羽化半径为0.5mm，使图形边缘变得更柔和，如图7-170所示。

图7-169   图7-170

05 绘制双眼皮图形，调整渐变颜色，如图7-171所示。按快捷键Alt+Shift+Ctrl+E，打开"羽化"对话框，设置羽化半径为1mm，效果如图7-172所示。

图 7-171　　　　　　　图 7-172

06 绘制眼睫毛形成的投影，设置渐变颜色，使投影图形的末端变浅，按快捷键Alt+Shift+Ctrl+E，添加"羽化"效果，如图7-173和图7-174所示。以下图形均添加了"羽化"效果。

图 7-173　　　　　　　图 7-174

07 继续绘制眼睛图形，调整渐变颜色，如图7-175和图7-176所示。按快捷键Shift+Ctrl+[，将该图形移至底层，如图7-177所示。

图 7-175

图 7-176　　　　　　　图 7-177

08 在双眼皮区域绘制一个图形，填充线性渐变，使眼睛的结构更有层次，也表现出双眼皮的厚度，如图7-178和图7-179所示。

图 7-178　　　　　　　图 7-179

09 绘制眼珠图形，按快捷键Ctrl+[，将其向后移动，填充线性渐变，如图7-180和图7-181所示。

图 7-180　　　　　　　图 7-181

10 按快捷键Alt+Shift+Ctrl+E，为眼珠图形添加"羽化"效果，然后执行"效果>风格化>内发光"命令，打开"内发光"对话框，单击"模式"后面的颜色块，打开"拾色器"对话框，将颜色设置为浅蓝色，参数如图7-182所示，单击"确定"按钮后，再执行"效果>风格化>外发光"命令，设置参数如图7-183所示，效果如图7-184所示。

图 7-182　　　　　　　图 7-183

图 7-184

11 使用"椭圆工具" 创建一个椭圆形，填充线性渐变，如图7-185所示。选择"晶格化工具" ，先按住Alt键并拖曳鼠标，将工具大小调至与圆形接近，然后释放Alt键，在圆形上单击鼠标并向下拖曳，如图7-186所示。

图 7-185

图 7-186

12 继续在圆心位置向下拖曳鼠标，使晶格化效果变得复杂，如图7-187所示。使用"铅笔工具" ，在图形上部边缘单击拖曳鼠标，修改路径的形状。按V键，切换为"选择工具" ，调整图形的高度，如图7-188所示。

图 7-187

图 7-188

13 制作一个稍小的图形，如图7-189所示。使用"选择工具" ，按住Shift键并选中这两个晶格化图形，按快捷键Alt+Ctrl+B建立混合。双击"混合工具" ，打开"混合选项"对话框，设置指定的步数为3，如图7-190和图7-191所示。

图 7-189

图 7-190

图 7-191

14 按快捷键Ctrl+[，将混合图形向后移动，如图7-192所示。现在眼神中已经有一种忧郁和神秘的气氛了，接下来创建一个艺术画笔，用来绘制眼睫毛。

图 7-192

15 使用"铅笔工具" ，在画板外绘制如图7-193所示的图形。单击"画笔"面板中的 按钮，打开"新建画笔"对话框，选择"艺术画笔"选项，如图7-194所示，单击"确定"按钮，打开"艺术画笔选项"对话框，使用默认设置即可，名称为"艺术画笔1"，如图7-195所示。

图 7-193

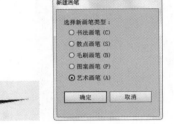

图 7-194

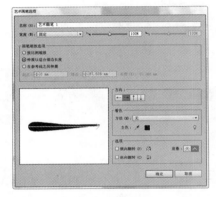

图 7-195

16 单击"确定"按钮，将图形创建为"画笔"面板中的样本，如图7-196所示。使用"画笔工具" 绘制眼睫毛，如图7-197所示。由于画笔样本是由粗到细的，因此在绘制睫毛时，应从睫毛根部开始向上绘制。

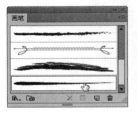

图 7-196

图 7-197

17 绘制眼睛下面的睫毛时，将描边粗细设置为0.2pt，如图7-198所示。绘制睫毛的投影，设置描边颜色为灰色，效果如图7-199所示。

图 7-198

图 7-199

18 使用"铅笔工具" ，在泪腺处绘制一个椭圆形，填充线性渐变，如图7-200所示，添加"羽化"效果（羽化半径为1.4mm），如图7-201所示。

图 7-200　　　　　图 7-201

19 在上面再绘制一个图形，在"渐变"面板中调整颜色，如图7-202和图7-203所示。

图 7-202　　　　　图 7-203

20 使用"椭圆工具" ，按住Shift键创建两个圆形，填充白色，作为眼睛上的高光，使眼睛更明亮，如图7-204所示。

图 7-204

21 执行"窗口>画笔库>艺术效果>艺术效果_油墨"命令，在打开的面板中选择"干油墨1"样本，如图7-205所示。双击"画笔工具" ，在打开的对话框中取消选中"保持选定"选项，如图7-206所示。眉毛由许多路径组成，在绘制一条路径后，该路径不处于选中状态，这样在绘制下一条路径时不会影响到前面绘制的路径。而要编辑某条路径时，因为"画笔工具选项"面板中的"编辑所选路径"选项是选中状态的，因此，可以按住Ctrl键，切换为"选择工具" 选中路径，释放Ctrl键在路径上拖曳鼠标可以改变路径形状。

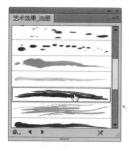

图 7-205　　　　　图 7-206

22 绘制眉毛，设置描边粗细为0.05pt，注意应按照眉毛的生长方向进行绘制，如图7-207所示。在眉头和眉梢处可以使用较浅的颜色进行绘制，表现眉毛的浓淡与层次，如图7-208所示。

图 7-207　　　　　图 7-208

23 采用同样的方法绘制左侧的眼睛，如图7-209所示，再绘制一个深色图形，按快捷键Shift+Ctrl+[，将其移至底层，使左侧眼睛周围变暗，如图7-210所示。

图 7-209　　　　　图 7-210

7.5.3 绘制鼻子

01 锁定"眼睛"图层，新建一个图层，用来绘制鼻子与嘴唇。鼻子是面部最富有体积感的部分，下面来强调一下人物鼻子的明暗与体积。使用"钢笔工具" 绘制鼻子的投影图形，如图7-211所示，添加"羽化"效果（羽化半径为2mm），效果如图7-212所示。

图 7-211

图 7-212

02 绘制鼻梁的亮部区域，如图7-213所示，添加"羽化"效果（羽化半径为6mm）。打开"透明度"面板，设置"不透明度"为43%，效果如图7-214所示。

图 7-213

图 7-214

03 绘制如图7-215所示的图形，添加"羽化"效果（羽化半径为4mm），以表现鼻翼的体积，如图7-216所示。

图 7-215

图 7-216

7.5.4 绘制嘴唇

01 使用"钢笔工具" ✎ 绘制嘴唇图形，如图7-217所示。使用"网格工具" ▦ 添加网格点，表现颜色与明暗关系，如图7-218和图7-219所示。

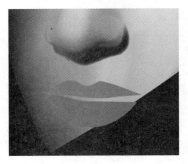

图 7-217

图 7-218

图 7-219

02 绘制嘴唇之间的深色图形，填充线性渐变，添加"羽化"效果（羽化半径为1.7mm），如图7-220和图7-221所示。

图 7-220　　　　　　　　图 7-221

03 绘制嘴唇下面的投影并进行羽化（羽化半径为2mm），如图7-222所示。

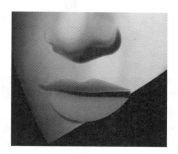

图 7-222

04 使用"钢笔工具" 绘制嘴唇上的高亮图形，如图7-223所示。由于图形较小，在添加"羽化"效果时，嘴唇上高光的羽化半径为0.5mm，鼻唇沟部分高光的羽化半径为1mm，不透明度为61%，效果如图7-224所示。

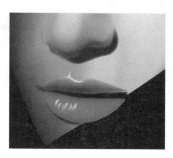

图 7-223

图 7-224

7.5.5　绘制头发

01 按X键，切换为描边编辑状态。在绘制头发时主要是使用路径，应用不同的画笔，调整粗细、颜色或不透明度来进行表现。在前面绘制眉头时使用了"干油墨1"样本，它已被加载到"画笔"面板中。选择"画笔"面板中的"干油墨1"样本，如图7-225所示，在额头处绘制刘海，如图7-226所示。

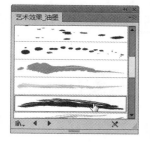

图 7-225

图 7-226

02 选择"艺术效果_油墨"面板中的"干油墨2"样本，如图7-227所示，继续绘制头发，将不透明度调整为45%，使头发显得轻柔，如图7-228所示。

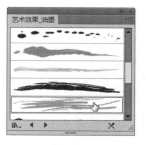

图 7-227

图 7-228

03 调整描边颜色和粗细，继续绘制头发，增加头发的厚度，如图7-229～图7-231所示。

图 7-229

图 7-230

图 7-231

04 使用"铅笔工具" 绘制如图7-232所示的图形，填充黑色，添加"羽化"效果（羽化半径为4mm）。

05 用浅一点的颜色绘制头发，表现头发的光泽，如图7-233和图7-234所示。

图 7-233　　　　　　　　图 7-234

06 使用偏冷的颜色表现右侧的发丝，如图7-235和图7-236所示。完成后的效果如图7-237所示。

图 7-235　　　　　　　　图 7-236

图 7-237

图 7-232

第 8 章

书籍装帧设计

8.1 关于书籍装帧设计

书籍装帧设计是指从书籍文稿到成书出版的整个设计过程，包括书籍的开本、装帧形式、封面、腰封、字体、版面、色彩、插图，以及纸张材料、印刷、装订及工艺等各个环节的艺术设计。如图8-1和图8-2所示为书籍各部分的名称。

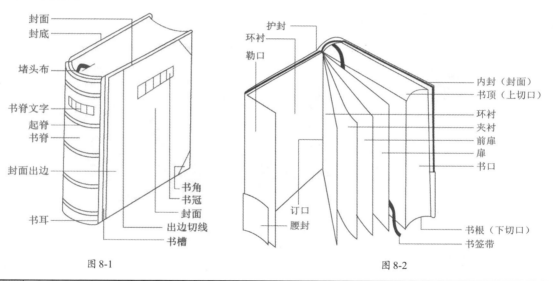

图 8-1   图 8-2

封套	外包装，起到保护书册的作用	护封	装饰与保护封面
封面	书的面子，分封面和封底	书脊	封面和封底当中书的脊柱
环衬	连接封面与书心的衬页	空白页	签名页、装饰页
资料页	与书籍有关的图形资料、文字资料	扉页	书名页，正文从此开始
前言	包括序、编者的话、出版说明	后语	跋、编后记
目录页	具有索引功能，大多安排在前言之后正文之前的篇、章、节的标题和页码等文字	版权页	包括书名、出版单位、编著者、开本、印刷数量、价格等有关版权信息的页面
书心	包括环衬、扉页、内页、插图页、目录页、版权页等		

书籍的开本是指书籍的幅面大小，也就是书籍的面积，如图8-3所示。开本一般以整张纸的规格为基础，采用对叠方式进行裁切，整张纸称为"整开"，其1/2为对开，1/4为4开，其余的以此类推。一般的书籍采用的是大、小32开和大、小16开，如图8-4和图8-5所示。在某些特殊情况下，也有采用非几何级数开本的。

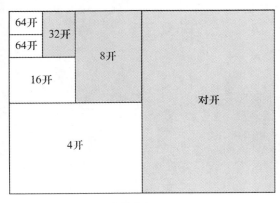

书籍开本

图8-3

| 全开纸：787毫米×1092毫米 |
| 8开：260毫米×376毫米 |
| 16开：185毫米×260毫米 |
| 32开：130毫米×184毫米 |
| 64开：92毫米×126毫米 |

图8-4

| 全开纸：850毫米×1168毫米 |
| 大8开：280毫米×406毫米 |
| 大16开：203毫米×280毫米 |
| 大32开：140毫米×203毫米 |
| 大64开：101毫米×137毫米 |

图8-5

大多数国家使用的是ISO 216国际标准来定义纸张的尺寸，它按照纸张幅面的基本面积，把幅面规格分A、B、C三组，A组主要用于书籍杂志；B组主要用于海报；C组多用于信封文件。

书籍装帧设计是完成从书籍形式的平面化到立体化的过程，包含了艺术思维、构思创意和技术手法的系统设计。如图8-6~图8-8所示为几种矢量风格的书籍封面。

图8-6

图8-7

图8-8

8.2 实战：《数码插画》画册设计

8.2.1 绘制装饰元素

01 打开光盘中的素材，如图8-9所示。这是一个嵌入Illustrator文档中的位图文件，如图8-10所示。下面来绘制插画图形。

图8-9

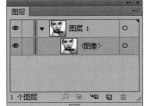

图8-10

02 将"图像"子图层拖曳到面板底部的 ■ 按钮上，进行复制，在复制后的图层右侧单击，选取该层中的人物图像，如图8-11所示。执行"效果>模糊>高斯模糊"命令，在打开的对话框中设置模糊半径为5像素，如图8-12图8-13所示。

图8-11　　　　　　　　　图8-12

图8-13

03 设置混合模式为"叠加"，不透明度为26%，这样操作可以增加对比度，使色调明确、概括，如图8-14和图8-15所示。

图8-14

图8-15

04 按快捷键Ctrl+A，选中这两个人物，按快捷键Ctrl+G编组，如图8-16所示。使用"矩形工具" ■ 创建一个矩形，填充线性渐变，如图8-17和图8-18所示。

 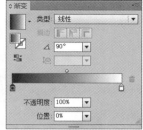

图8-16　　　　　　　　　图8-17

图8-18

05 再创建一个矩形，填充径向渐变，如图8-19和图8-20所示。

图8-19　　　　　　　　　图8-20

06 选中这两个矩形，如图8-21所示。按快捷键Ctrl+G编组。按住Shift键并单击人物，将其一同选中，如图8-22所示。

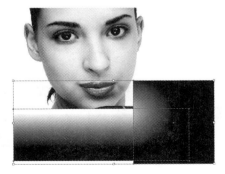

图8-21

图 8-22

图 8-27

07 单击"透明度"面板中的"制作蒙版"按钮，用渐变图形创建不透明度蒙版，使图像的边缘隐藏。应注意，"剪切"、"反相蒙版"两个选项均不选中，如图8-23和图8-24所示。

09 使用"铅笔工具" ✐ 绘制头发，如图8-28所示。在额头上绘制一个图形，填充黑色，设置不透明度为26%，如图8-29和图8-30所示。

图 8-23

图 8-28   图 8-29

图 8-24

08 使用"钢笔工具" ✐ 绘制如图8-25所示的图形。单击"色板"面板底部的 按钮，在打开的菜单中选择"图案>基本图形>基本图形_点"命令，载入该图案库，单击如图8-26所示的图案，对图形进行填充，无描边颜色，如图8-27所示。

图 8-30

10 使用"钢笔工具" ✐ 绘制3个三角形。执行"窗口>色板库>渐变>玉石和珠宝"命令，打开该渐变库，如图8-31所示。用其中的红色、蓝色和淡紫色渐变样本填充三角形，如图8-32所示。

图 8-25   图 8-26

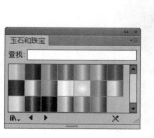

图 8-31   图 8-32

11 创建一个与画板大小相同的矩形。单击"图层"面板底部的 ▣ 按钮，创建剪切蒙版，将画板以外的对象隐藏，如图8-33和图8-34所示。

图 8-33

图 8-34

12 绘制如图8-35所示的图形。使用"选择工具" ▶，按住Alt键并向下拖曳图形进行复制，如图8-36所示。

图 8-35   图 8-36

13 选取这两个图形，按快捷键Alt+Ctrl+B建立混合。双击"混合工具" ▣，打开"混合选项"对话框，设置指定的步数为30，如图8-37和图8-38所示。执行"对象>混合>扩展"命令，将对象扩展为可以编辑的图形，如图8-39所示。

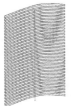

图 8-37   图 8-38

图 8-39

14 在"渐变"面板中调整渐变颜色，为图形填充线性渐变，如图8-40和图8-41所示。

图 8-40   图 8-41

15 使用"钢笔工具" ✎ 绘制一个外形似叶子的路径图形，如图8-42所示。选取渐变图形与叶子图形，按快捷键Ctrl+G编组。在"图层"面板中选择编组子图层，如图8-43所示，单击 ▣ 按钮，创建剪切蒙版，将多出叶子的图形区域隐藏，如图8-44所示。

图 8-42   图 8-43   图 8-44

16 将该图形移动到人物左侧，按快捷键Shift+Ctrl+[，将其移至底层，如图8-45所示。复制该图形，粘贴到画面空白位置。使用"编组选择工具" ▶⁺ 在条形上双击，将条形选中，如图8-46所示。将填充颜色设置为黑色，如图8-47所示。

图 8-45

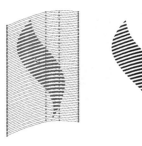

图 8-46　　　　　图 8-47

17 选中该图形，双击"镜像工具"，打开"镜像"对话框，选择"水平"选项，如图8-48所示，对图形进行水平翻转，如图8-49所示。再用同样的方法复制图形，填充白色，放置在头发的黑色区域上，如图8-50所示。

图 8-48　　　　　图 8-49

图 8-50

18 绘制发丝图形，设置为白色填充、黑色描边，如图8-51所示。绘制少许黑色填充、白色描边的图形，如图8-52所示。

图 8-51

图 8-52

19 分别使用"钢笔工具"和"椭圆工具"绘制一些小的装饰图形，如图8-53所示，装饰在画面中，如图8-54所示。

图 8-53

图 8-54

20 将上面制作的图形复制，并填充线性渐变，如图8-55和图8-56所示。再绘制一组外形似水滴的图形，如图8-57所示。

图 8-55　　　　图 8-56　　　　图 8-57

21 将制作的图形装饰在人像周围，如图8-58所示。

图 8-58

8.2.2 制作封面、封底和书脊

01 按快捷键Ctrl+N，创建一个380mm×260mm、CMYK
模式、预留3mm出血的文档，如图8-59所示。按快捷
键Ctrl++，放大窗口显示比例。按快捷键Ctrl+R显示标尺，
在垂直标尺上拖出两条参考线，分别放在185mm和195mm
处，通过参考线将封面、封底和书脊划分出来，如图8-60
所示。

图 8-59

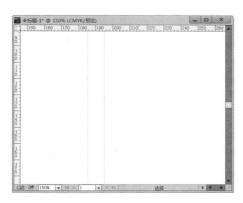

图 8-60

 位于画板外3mm的部分是预留的出血。出血是印
刷品在最后裁切时需要裁掉的部分，以避免出现
白边。

02 将装饰人物拖曳到该文档中，如图8-61所示。使用
"椭圆工具" ⬭ ，按住Shift键创建几个正圆形，
填充径向渐变（渐变最外端颜色的不透明度为0%），如图
8-62~图8-67所示。

图 8-61

图 8-62

图 8-63

图 8-64

图 8-65

图 8-66

图 8-67

03 使用"编组选择工具" 选择一组叶片图形，如图8-68所示，按快捷键Ctrl+C复制，按快捷键Ctrl+V，将其粘贴到封底并调整一下角度，如图8-69所示。

图 8-68

图 8-69

04 在封面也粘贴一个图形，设置填充颜色为白色，描边为黑色1pt，效果如图8-70所示。在封面和封底加入一些装饰图形，如图8-71所示。

图 8-70

图 8-71

05 用"文字工具" 输入书籍的名称、作者、出版社、书籍定价等文字信息。用"矩形工具" 绘制条码，如图8-72所示。单击"图层"面板底部的 按钮，新建一个图层，如图8-73所示。

图 8-72

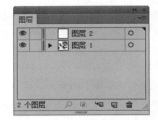

图 8-73

06 选择"矩形工具" ，基于书脊参考线绘制一个黑色的矩形，如图8-74所示。用"文字工具" 输入书脊上的文字。按快捷键Ctrl+;，隐藏参考线，效果如图8-75所示。

图 8-74

图 8-75

8.3 实战：软件图书封面设计

8.3.1 制作封面底图

01 按快捷键Ctrl+N，打开"新建文档"对话框，创建一个203mm×260mm、CMYK模式的文档。

02 选择"矩形工具" ，在画板左上角单击鼠标，打开"矩形"对话框，设置宽度为203mm，高度为260mm，如图8-76所示，单击"确定"按钮，创建一个与画板大小相同的矩形，填充青蓝色，无描边颜色，如图8-77所示。

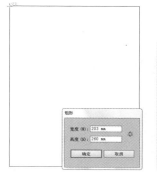

图 8-76　　　　　　　　　　图 8-77

03 打开"变换"面板，该面板中显示了图形中心点所在的坐标和图形的宽度和高度等信息，如图8-78所示。设置宽度为209mm、高度为266mm，以使每边预留3毫米出血，如图8-79所示，此时图形会被自动放大，效果如图8-80所示。

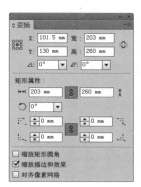 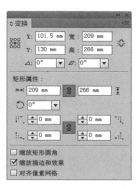

图 8-78　　　　　　　　　　图 8-79

图 8-80

04 按快捷键Ctrl+C复制图形，按快捷键Ctrl+B，将其粘贴到后面。执行"视图>参考线>建立参考线"命令，将矩形创建为参考线，如图8-81所示。在"图层"面板中可以看到，该图层的名称已被自动修改为"<参考线>"，如图8-82所示。

图 8-81　　　　　　　　　　图 8-82

05 绘制一个椭圆形，如图8-83所示。按快捷键Ctrl+C复制，按快捷键Ctrl+F，将其粘贴到前面。执行"窗口>色板库>图案>自然>自然_叶子"命令，打开该图案库，单击"花蕾颜色"图案，如图8-84所示，以该图案填充椭圆形，如图8-85所示。

图 8-83

图 8-84

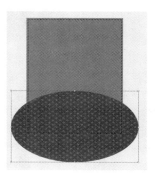

图 8-85

06 保持图形的选中状态，单击鼠标右键，打开快捷菜单，选择"变换>缩放"命令，打开"比例缩放"对话框，设置等比缩放参数为50%，选择"变换图案"选项，使变换仅应用于图案，如图8-86和图8-87所示。

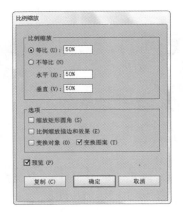

图 8-86

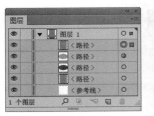 

图 8-90　　　　　　图 8-91

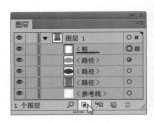 

图 8-92　　　　　　图 8-93

09 执行"窗口>符号库>点状图案矢量包"命令，打开该符号库，将如图8-94所示的符号拖曳到画面中，再将符号缩小并放在画面左侧，如图8-95所示。

图 8-87

07 设置图形的不透明度为60%，使图案变得浅一些，如图8-88和图8-89所示。

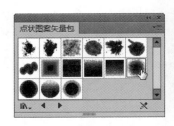 

图 8-94　　　　　　图 8-95

10 设置混合模式为"正片叠底"，不透明度为15%，如图8-96和图8-97所示。按住Alt键并拖曳符号图形，将其复制到画面右侧，如图8-98所示。

图 8-96

图 8-88　　　　　　图 8-89

08 使用"选择工具"  选择矩形，按快捷键Ctrl+C复制，在空白区域单击鼠标，取消选择。按快捷键Ctrl+F，将其粘贴到前面，使矩形位于所有图形的最上面，当前"图层"面板底部的 按钮呈现灰色，如图8-90所示，单击"图层1"后其自动被激活，如图8-91所示。单击 按钮，创建剪贴蒙版，将矩形以外的图像隐藏，如图8-92和图8-93所示。

图 8-97　　　　　　图 8-98

11 执行"窗口>符号库>复古"命令，打开该符号库，将"蝴蝶"符号拖曳到画板中，如图8-99和图8-100所示。

图 8-99

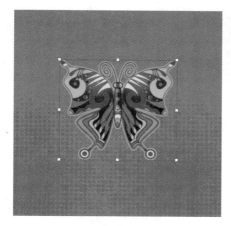

图 8-100

12 将图形放大，使用"旋转工具" 拖曳图形，将其旋转180°，然后放在画面上方，如图8-101所示。单击"符号"面板底部的"断开符号链接"按钮 ，如图8-102所示，解除符号与实例的链接，使符号可以作为图形来进行编辑，如图8-103所示。

图 8-101

图 8-102

图 8-103

13 使用"魔棒工具" ，在左侧的黄色图形上单击，将画面中以黄色填充的图形全部选中，如图8-104所示，将填充颜色设置为20%的黑色，如图8-105所示，设置描边颜色为黑色，描边粗细为7pt，效果如图8-106所示。

图 8-104

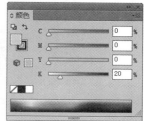

图 8-105

图 8-106

14 在绿色图形上单击鼠标，将画面中填充该颜色的图形全部选中，如图8-107所示，将绿色修改为黑色，如图8-108所示。

图 8-107

图 8-108

15 选取黄色图形，如图8-109所示，修改颜色为绿色，如图8-110所示。

图 8-109

图 8-110

16 选取绿色图形，如图8-111所示，修改颜色为黑色，如图8-112所示。

图 8-111

图 8-112

17 选取中间的路径，如图8-113所示。在控制面板中设置描边宽度为4pt，在"颜色"面板中修改描边颜色为青蓝色，如图8-114和图8-115所示。

图 8-113

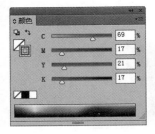

图 8-114

图 8-115

18 在蓝色背景上单击，将其选中，如图8-116所示，修改填充颜色为深红色，如图8-117和图8-118所示。

图 8-116

图 8-117

图 8-118

Point "图案"面板中的图案样本大多是无底色的，以点状图案来举例，直接将图形填充点状图案，画面中点状以外的部分是镂空的，因此，需要将某一颜色的图形填充一款无底色图案时，应先制作出一个一模一样的图形来。

19 使用"编组选择工具" ▷+，在左侧的深红色图形上单击鼠标，将其选中，如图8-119所示，按快捷键Ctrl+C复制，按快捷键Ctrl+F粘贴。执行"窗口>色板库>图案>基本图形>基本图形_点"命令，打开该图案库，选择"波浪形细网点"图案，如图8-120所示，用该图案填充图

形，如图8-121所示。采用同样的方法将画面右侧的深红色图形也填充上图案，如图8-122所示。

图 8-119

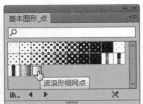

图 8-120

图 8-121

图 8-122

20 选取红色图形，如图8-123所示，将填充颜色设置为洋红色，如图8-124和图8-125所示。

图 8-123

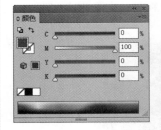

图 8-124

图 8-125

21 同样需要复制并将图形粘贴到前面，单击"基本图形_点"面板中的另一图案，如图8-126所示，填充效果如图8-127所示。采用同样的方法编辑右侧的红色图形，如图8-128所示。

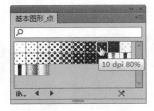

图 8-126

图 8-127　　　　　　　　图 8-128

22 适当调整其他小图形的颜色，完成背景的制作，效果如图8-129所示。

图 8-129

8.3.2　制作小怪物形象

01 锁定"图层1"。单击"图层"面板底部的 ▣ 按钮，新建一个图层，如图8-130所示。使用"钢笔工具" ✐ 绘制如图8-131所示的图形，填充黄色，设置描边粗细为4pt。

图 8-130　　　　　　　　图 8-131

02 执行"窗口>符号库>时尚"命令，打开该符号库，将靴子符号拖曳到画板中，如图8-132和图8-133所示。

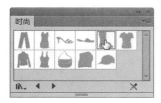

图 8-132　　　　　　　　图 8-133

03 单击"符号"面板底部的 ↻ 按钮，断开符号与实例的链接，如图8-134和图8-135所示。

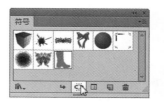

图 8-134　　　　　　　　图 8-135

04 为靴子填充红色，设置描边粗细为4pt，如图8-136所示。按快捷键Ctrl+C复制，按快捷键Ctrl+F粘贴。单击"色板"中的"波浪形细网点"图案，该图案在制作背景时用到过，它会自动加载到"色板"面板中，如图8-137和图8-138所示。

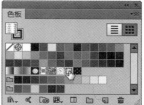

图 8-136　　　　　　　　图 8-137

图 8-138

05 在靴子上面画半截裤腿，如图8-139所示。选取这三个图形，按快捷键Ctrl+G编组。双击"镜像工具" ⊳⊲，在打开的对话框中选择"垂直"选项，单击"复制"按钮，如图8-140所示，镜像并复制出一个图形，将其放到画面中，如图8-141所示。

图 8-139　　　　　　　　图 8-140

图 8-141

06 使用"钢笔工具" 绘制裤子和腰带，如图8-142和图8-143所示。

图 8-142　　　　　　　　图 8-143

07 绘制一条开放式路径，作为裤子上的口袋，如图8-144所示。在这条线下面再绘制一条路径，打开"描边"面板，选中"虚线"选项，设置虚线参数为5pt，间隙为2pt，如图8-145所示，制作成一条虚线，如图8-146所示。在口袋上面绘制一条小路径，它会自动应用虚线效果，如图8-147所示。

 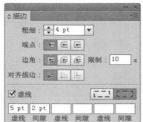

图 8-144　　　　　　　　图 8-145

图 8-146　　　　　　　　图 8-147

08 选取组成口袋的路径，编组后镜像并复制到裤子的另一侧，如图8-148所示。在裤子中间绘制两条中缝，如图8-149所示。

图 8-148　　　　　　　　图 8-149

09 绘制如图8-150所示的图形。执行"窗口>色板库>图案>基本图形>基本图形_纹理"命令，打开图案库，选择如图8-151所示的图案，使图形呈现纹理效果，如图8-152所示。

图 8-150

图 8-151　　　　　　　　图 8-152

10 绘制一个椭圆形，调整角度使它有些倾斜，如图8-153所示。在上面绘制一个圆形，设置描边粗细为4pt，如图8-154所示。按快捷键Ctrl+C复制，按快捷键Ctrl+F，将其粘贴到前面，将圆形缩小，描边颜色设置为灰色，如图8-155所示。再绘制一个圆形，填充黑色，无描边颜色，使用"直接选择工具" 调整锚点的位置，如图8-156所示。

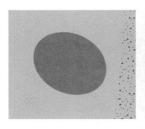 

图 8-153　　　　　　　　图 8-154

图 8-155　　　　　　图 8-156

11 将组成眼睛的图形选中，按快捷键Ctrl+G编组。使用
"镜像工具"  将图形镜像并复制到画面的左侧，
缩小图形，如图8-157所示。

图 8-157

12 将"旭日东升"符号拖到画板中，如图8-158和图
8-159所示。单击"符号"面板底部的 按钮，断
开符号与实例的链接，如图8-160所示。

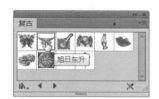

图 8-158

图 8-159

图 8-160

13 按快捷键Shift+Ctrl+G，取消编组。选中翅膀以外的
图形并删除，修改翅膀的颜色为蓝色填充，黑色描
边，如图8-161所示。将"水母灯"、"阴阳花"符号拖曳
到画板中，进行编辑和修改，效果如图8-162所示。

图 8-161　　　　　　图 8-162

14 打开光盘中的素材，如图8-163所示。选中图形，复
制并粘贴到封面文档中，如图8-164所示。

图 8-163

图 8-164

8.3.3 制作封面文字

01 锁定"图层2"，单击"图层"面板底部的 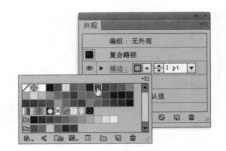 按钮，新建"图层3"，如图8-165所示。

图 8-165

02 使用"文字工具" T 输入文字，在控制面板中设置字体及大小，如图8-166和图8-167所示。

Illustrator CC

图 8-166

设计与制作深度剖析

图 8-167

03 按快捷键Shift+Ctrl+O，将文字转换为轮廓。打开"外观"面板，在"内容"属性上双击，如图8-168所示，显示描边与填色属性，如图8-169所示，在"描边"属性上单击鼠标，可以显示描边颜色与粗细的编辑选项，如图8-170所示。

图 8-168

图 8-169

图 8-170

04 单击 ▼ 按钮，显示"色板"面板，选择洋红色作为描边颜色，设置描边粗细为1pt，如图8-171所示。设置填充颜色为白色，如图8-172所示，效果如图8-173所示。

图 8-171

图 8-172

图 8-173

05 单击"描边"属性，如图8-174所示，单击该面板底部的 按钮，复制该属性，如图8-175所示。将其拖曳到"填色"属性下方，设置描边粗细为3pt，如图8-176所示。再次复制描边属性，放在底层，设置颜色为黑色，粗细为11pt，如图8-177所示，效果如图8-178所示。

图 8-174

图 8-175

图 8-176

图 8-177

图 8-178

06 绘制一个圆角矩形，填充浅灰色，描边颜色为咖啡色，粗细为1.5pt，如图8-179和图8-180所示。

图 8-179　　　　　　　　图 8-180

07 在"外观"面板中复制"描边"属性，如图8-181所示，调整描边颜色和粗细，如图8-182和图8-183所示，效果如图8-184所示。

图 8-181

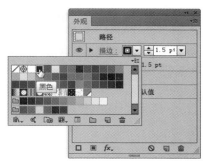

图 8-182

图 8-183　　　　　　　　图 8-184

08 再复制3个"描边"属性，拖曳到"填色"属性下方，分别调整颜色与粗细，如图8-185和图8-186所示。

图 8-185　　　　　　　　图 8-186

09 保持图形的选中状态，单击"图形样式"面板底部的 按钮，将当前图形的外观创建为图形样式，如图8-187所示。

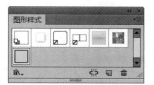

图 8-187

10 绘制5个圆角矩形，如图8-188所示，每个图形之间都要有一点重叠。选取这五个图形，单击"路径查找器"面板中的"联集"按钮 ，将图形合并在一起，如图8-189所示。

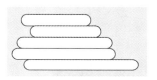

图 8-188

图 8-189

Point 如果合并图形后，图形之间有黑色的直线，说明图形间没有重叠。可以按快捷键Ctrl+Z返回到上一步操作，调整好图形位置，使其排列紧密些，然后再进行联集操作。

11 单击"图形样式"面板中自定义的样式，如图8-190所示，为图形添加多重描边效果，如图8-191所示。

图 8-190　　　　　　　　图 8-191

12 将制作的图形与文字放在封面上，再输入其他相关信息，效果如图8-192所示。

图 8-192

8.4 实战：《装饰图案集》封面设计

8.4.1 定位封面图形位置

01 按快捷键Ctrl+N，创建一个大380mm×260mm、CMYK模式的文档，如图8-193所示。选择"矩形工具" ，在画板中单击鼠标，在弹出的对话框中设置参数，如图8-194所示，单击"确定"按钮，创建一个矩形。

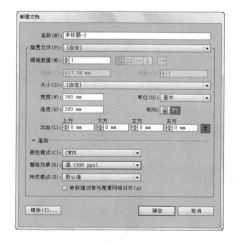

图 8-193

图 8-194

02 保持图形的选中状态，在"变换"面板中设置X为190mm、Y为130mm，如图8-195所示。X和Y分别代表了对象在画板水平和垂直方向上的位置。为矩形填充淡黄色，如图8-196所示。

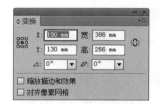

图 8-195

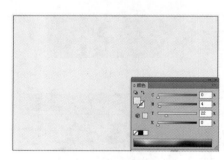

图 8-196

Point 将矩形定位在画板中心后，位于画板外3mm的部分是预留的出血。出血是印刷品在最后裁切时需要裁掉的部分，以避免出现白边。

03 按快捷键Ctrl++，放大窗口的显示比例。按快捷键Ctrl+R，显示标尺，在垂直标尺上拖出两条参考线，分别放在185mm和195mm处，通过参考线将封面、封底和书脊划分出来，如图8-197和图8-198所示。

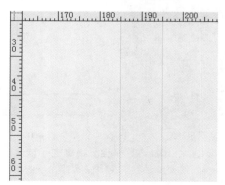

图 8-197

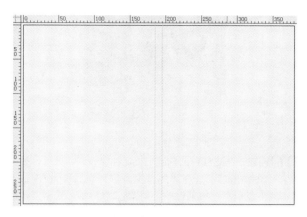

图 8-198

8.4.2 制作封面艺术图案

01 单击"图层"面板中的  按钮，新建一个图层，如图8-199所示。用"椭圆工具" 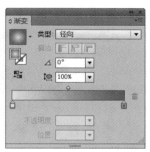 创建一个椭圆形，填充径向渐变，如图8-200和图8-201所示。

图 8-199   图 8-200

图 8-201

02 保持图形的选中状态，执行"效果>风格化>投影"命令，为图形添加投影，如图8-202和图8-203所示。

图 8-202   图 8-203

03 使用"选择工具" ，按住Alt键并拖曳图形进行复制，调整复制后的图形形状，如图8-204所示。使用"极坐标网格工具" ，在最小的椭圆形上创建一个同心

圆（可按下←键减少分隔线，按下→键和←键调整同心圆的数量），设置它的描边颜色为黄色，如图8-205所示。用"钢笔工具"  绘制一个图形，填充枣红色，如图8-206所示。再绘制图8-207所示的图形，填充径向渐变。

图 8-204   图 8-205

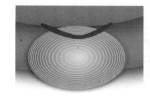   

图 8-206   图 8-207

04 单击"图层"面板中的 按钮，新建一个子图层，如图8-208所示。用"椭圆工具" 绘制一个白色的椭圆，在它上面绘制一个黑色的椭圆，如图8-209所示。复制一个橙色的渐变椭圆，如图8-210所示，在"图层"面板中将它拖曳到子图层中，如图8-211所示。

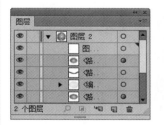   

图 8-208   图 8-209

图 8-210   图 8-211

05 再复制几个椭圆形，调整大小和角度，如图8-212所示。用"极坐标网格工具"  绘制一个同心圆，如图8-213所示。

图 8-212　　　　　　　　　　图 8-213

06 下面来制作小老虎的眼珠。用"椭圆工具" 创建一个椭圆形，填充线性渐变，黄色描边，如图8-214所示。创建几个黑色和白色图形作为眼珠，如图8-215所示。用"极坐标网格工具" 在眼珠上创建一个极坐标网格，如图8-216所示。将所有组成眼珠的图形选中，按快捷键Ctrl+G编组。

图 8-214

图 8-215　　　　　　　　　　图 8-216

07 用"钢笔工具" 绘制一颗小白牙，按快捷键Alt+Shift+Ctrl+E，打开"投影"对话框，将X和Y位移值调小，然后关闭对话框，为牙齿添加投影，如图8-217所示。复制一个橙色的椭圆形，放在牙齿上方，如图8-218所示。再复制几个椭圆形，将它们缩小，排列在该图形上，如图8-219所示。可以将这些小的椭圆形编组。

 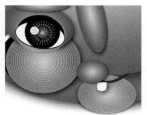

图 8-217　　　　　　　　　　图 8-218

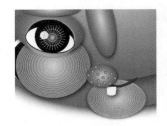

图 8-219

08 创建一个枣红色的椭圆形，添加"投影"效果，如图8-220所示。选择"旋转扭曲工具" ，在图形上单击并拖曳鼠标，将其扭曲，如图8-221所示。采用同样的方法再制作几个图形，将它们放在小老虎头上，如图8-222所示。

图 8-220　　　　　　　　图 8-221

图 8-222

09 用"螺旋线工具" 创建一条黑色的螺旋线（按下↑键和↓键可以调整螺旋的数量），如图8-223所示。用"极坐标网格工具" 绘制一个黑色的极坐标网格，如图8-224所示。

图 8-223　　　　　　　　图 8-224

10 下面来制作小老虎的耳朵。用"钢笔工具" 绘制一个耳朵图形，添加"投影"效果，如图8-225所示。创建一个半圆形，添加"投影"效果，如图8-226所示。用"晶格化工具" 处理半圆形的边缘，然后将其放在耳朵上，如图8-227所示。

图 8-225 图 8-226 图 8-227

11 用"钢笔工具" ✐ 绘制几个图形，放在耳朵上，如图8-228所示。将组成耳朵的所有图形选中，按快捷键Ctrl+G编组。在"图层"面板中如图8-229所示的位置单击鼠标，将"图层3"中的所有对象都选中，如图8-230所示，按快捷键Ctrl+G编组。

图 8-228 图 8-229 图 8-230

12 双击"镜像工具" ◁ ，在打开的对话框中选择"垂直"选项，如图8-231所示，单击"复制"按钮，复制图形。使用"选择工具" ▶ ，按住Shift键并将复制后的对象移动到小老虎面部的右侧，如图8-232所示。

图 8-231 图 8-232

13 复制一个橙色的椭圆渐变图形，放在小老虎鼻子的中间，如图8-233所示。在它上面绘制一个极坐标网格，如图8-234所示。用橙色的椭圆渐变图形和黑色的圆形创建鼻子头，如图8-235所示。

图 8-233 图 8-234 图 8-235

14 创建一个半圆形，用"晶格化工具" ⬡ 处理它的边缘，将该图形放在小老虎的额头上，如图8-236所示。在额头上再添加几个图形作为装饰，如图8-237所示。用"钢笔工具" ✐ 绘制一个"王"字，如图8-238所示。

图 8-236　　　　　　　　　　图 8-237　　　　　　　　　　图 8-238

15 将小老虎放在书籍的封面上，如图8-239所示。单击"色板"面板中的  按钮，在打开的菜单中选择"其他库"命令，在弹出的对话框中选择光盘中的色板库，将它载入到文档中。在"图层"面板中单击"图层1"，将其选中。用"矩形工具" 创建一个矩形，为它填充载入的图案，如图8-240所示，在"透明度"面板中设置图形的混合模式为"明度"，效果如图8-241所示。

图 8-239　　　　　　　　　　图 8-240　　　　　　　　　　图 8-241

16 在该图形上面绘制一个矩形。用"文字工具" T 输入书籍的名称、作者和出版社，如图8-242所示，封面就制作完成了。书脊的制作没有什么特别之处，就是在参考线的范围内绘制几个矩形，然后添加书名和出版社的信息。封底需要制作条形码、书号和书籍的定价，作为装饰的图形可使用小老虎头上的图形，文字用的是小篆，最终效果如图8-243所示。

图 8-242　　　　　　　　　　　　　　　图 8-243

第 9 章

平面设计

9.1 实战：滑板创意

01 打开光盘中的素材，如图9-1所示。这是一个滑板图形和一幅插画，下面通过剪贴蒙版将插画嵌入滑板中。

图 9-1

02 使用"选择工具" 选中插画，将其移动到滑板图形下方，如图9-2所示，此时的"图层"面板状态如图9-3所示。滑板图形所在的路径层位于插画层上方，单击"图层"面板底部的 按钮，创建剪切蒙版，剪贴路径以外的对象都会被隐藏，而路径也将变为无填色和描边的对象，如图9-4和图9-5所示。

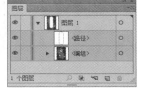

图 9-2　　　　　　　　图 9-3

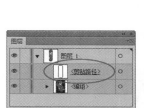

图 9-4　　　　　　　　图 9-5

03 将"图层1"拖曳到面板底部的 按钮上，复制该图层，如图9-6所示。在图层右侧单击鼠标，选中该图层中所有对象，如图9-7所示，将其向右拖曳，如图9-8所示。使用"编组选择工具" ，选中插画中的图形并调整颜色，使其与上一个滑板有所区别，如图9-9所示。

图 9-6　　　　　　　　图 9-7

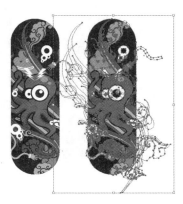

图 9-8

图 9-9

Point 在制作滑板时，是基于图层创建的剪切蒙版，图层中的所有对象都会受蒙版的影响，因此，在复制第2个滑板时，不能在同一图层中（只会显示一个滑板），要通过复制图层来操作。

04 采用同样的方法复制图层，如图9-10所示，调整图形的颜色，制作出第3个滑板，效果如图9-11所示。

图 9-10

图 9-11

9.2 实战：分形艺术

01 新建一个文档。执行"文件>置入"命令，在打开的对话框中选择光盘中的素材，取消选中"链接"选项，将其嵌入到Illustrator文档中，如图9-12和图9-13所示。

图 9-12

图 9-13

02 保持图像的选中状态，单击鼠标右键，打开快捷菜单，选择"变换>分别变换"命令，打开"分别变换"对话框，设置缩放参数为78%，旋转角度为180°，旋转并缩放对象，如图9-14和图9-15所示。

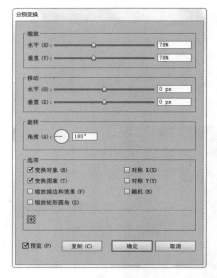

图 9-14

图 9-15

03 在 "透明度" 面板中设置图像的混合模式为 "正片叠底"，如图9-16所示。现在还看不出混合模式的效果，在图像产生重叠后，就可以看到了。

图 9-16

04 选择 "旋转工具" ，按住Alt键并在图像左上角单击鼠标，单击点会出现 状图标，图像会以单击点为圆心进行旋转，如图9-17 所示，此时会弹出 "旋转" 对话框，设置角度为20°，单击 "复制" 按钮，如图9-18所示，旋转并复制出一个图像，如图9-19所示。按快捷键Ctrl+D，继续复制，直到形成一个圆形，如图9-20所示。

图 9-17

图 9-18

图 9-19

图 9-20

Point 使用旋转、比例缩放、镜像、倾斜等工具时，按住Alt键单击，单击点便会成为对象的参考点，同时可以打开当前变换工具的选项对话框。

05 使用 "钢笔工具" 绘制两个不同大小的波浪图形，如图9-21所示，将小图形放在大图形上面，如图9-22所示。使用 "选择工具" 选中这两个图形，按快捷键Alt+Ctrl+B建立混合。双击 "混合工具" ，打开 "混合选项" 对话框，设置指定的步数为5，如图9-23所示。

图 9-21

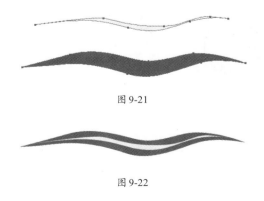

图 9-22

图 9-27

06 将图形移动到分形图案上，效果如图9-24所示。

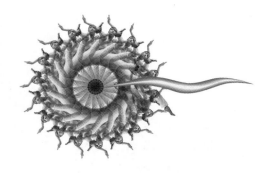

图 9-24

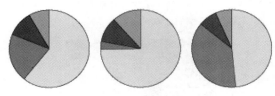

图 9-28

9.3 实战：立体效果年报

01 选择"饼图工具" ，在画板中单击并拖出一个矩形框，释放鼠标后，在弹出的对话框中输入数据，如图9-25所示。输入时可以按键盘中的方向键切换单元格，或者通过单击来选择单元格。单击"应用"按钮✔️，或者按下数字键盘中的回车键，创建图表，如图9-26所示。

03 使用"编组选择工具" 选择不同的饼图图形，取消它们的描边，并填充不同的颜色，如图9-29~图9-31所示。

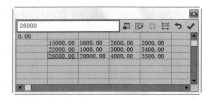

图 9-25

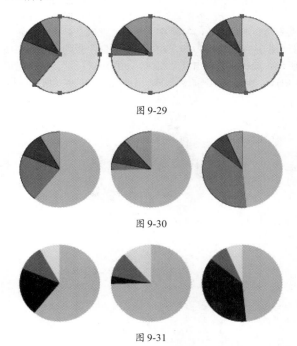

图 9-29

图 9-30

图 9-31

图 9-26

02 选择图表图形，双击"饼图工具" ，打开"图表类型"对话框，在"位置"选项中选择"相等"选项，这样可以使所有的饼图都具有相同的直径，如图9-27和图9-28所示。

04 使用"选择工具" 选择图表，执行"效果>3D>凸出和斜角"命令，在打开的对话框中设置参数，如图9-32所示。单击该对话框中的"更多选项"按钮，显示隐藏的选项，单击两次"新建光源"按钮 ，添加两个光源，将它们移动到如图9-33所示的位置。

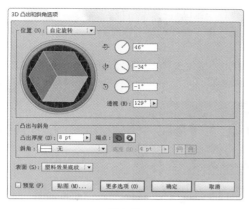

图 9-32

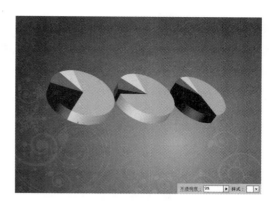

图 9-36

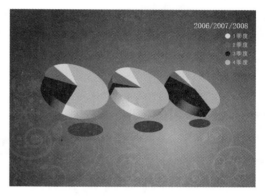

图 9-37

图 9-33

05 单击"确定"按钮关闭对话框,创建立体图形,如图9-34所示。用"矩形工具" 创建一个矩形,填充径向渐变,将其放在图表后面,如图9-35所示。

图 9-34

9.4 实战:名片设计

9.4.1 制作名片正面图形

01 按快捷键Ctrl+N,打开"新建文档"对话框,设置画板数量为2,分别来制作名片的正面和背面,设置画板间距为8mm、宽度为90mm、高度为60mm,创建一个文档,如图9-38和图9-39所示。

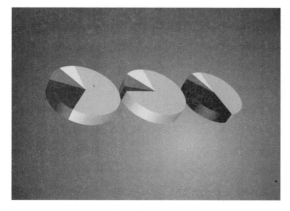

图 9-35

06 打开光盘中的花纹素材,将其拖曳到图表中,在控制面板中设置"不透明度"为9%,如图9-36所示。最后为图表添加投影图形,再输入年份和季度文字,如图9-37所示。

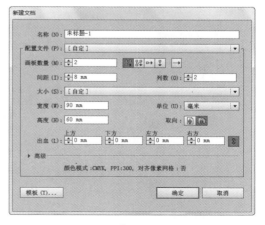

图 9-38

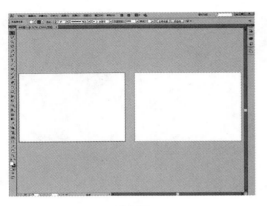

图 9-39

02 单击"色板"面板中的 ▥ 按钮，打开"色板选项"对话框，在"颜色类型"下拉列表中选择"印刷色"，选中"全局色"选项，设置颜色参数，如图9-40所示，单击"确定"按钮，创建一个全局色色板，如图9-41所示。

图 9-40   图 9-41

03 使用"矩形工具" ▦ ，在画板左下角单击并拖曳鼠标，创建一个矩形，如图9-42所示。按住Alt+Shift+Ctrl键并向上拖曳矩形，进行复制，然后调整矩形的大小，如图9-43所示。

图 9-42

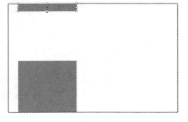

图 9-43

04 执行"窗口>符号库>自然"命令，打开"自然"面板，将"枫叶"符号拖曳到画板中，如图9-44和图9-45所示。

05 双击"镜像工具" ▨ ，打开"镜像"对话框，选中"垂直"选项，垂直翻转符号，如图9-46和图9-47所示。

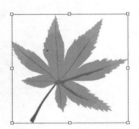

图 9-44   图 9-45

图 9-46   图 9-47

06 使用"选择工具" ▸ ，将枫叶符号移动到两个色块之间，如图9-48所示。选择"符号着色器工具" ▨ ，现在前景色是自定义的色板，在符号上单击鼠标，为其着色，如图9-49所示。

图 9-48

图 9-49

07 使用"选择工具" ，按住Alt键并拖曳符号进行复制，按住Shift键并拖曳符号定界框的一角，将符号等比例放大，如图9-50所示。选择矩形色块，按快捷键Ctrl+C复制，在空白处单击鼠标，取消选中，按快捷键Ctrl+F，将其粘贴到前面，如图9-51所示。

图 9-50

图 9-51

08 枫叶超出了矩形色块的范围，需要用蒙版将多余的部分隐藏。选中符号及其上面的矩形，按快捷键Ctrl+G编组。打开"图层"面板，单击 ▶ 按钮，展开图层列表，选取"编组"图层，单击该面板下方的 按钮，创建剪切蒙版，如图9-52和图9-53所示。

图 9-52

图 9-53

09 选取枫叶符号，设置不透明度为20%，如图9-54和图9-55所示。

图 9-54

图 9-55

9.4.2 制作名片上的文字

01 使用"文字工具" T 输入文字，在控制面板中设置字体及大小，如图9-56所示，按下Esc键结束文字的输入。在另一位置单击鼠标输入其他文字，将文字大小调至7pt，如图9-57所示。

图 9-56　　　　　　　　图 9-57

02 输入公司名称，文字大小为9pt，再输入地址、电话和手机号码等其他信息，字体为黑体，大小为5pt，如图9-58所示。

图 9-58

03 使用"文字工具" **T** 在空白处单击并拖曳鼠标，创建文本框，如图9-59所示，释放鼠标后输入文字，如图9-60所示。

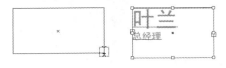

图 9-59　　　　　图 9-60

04 单击"段落"面板中的"全部两端对齐"按钮，使文字更加整齐，如图9-61和图9-62所示。在文本框的一角单击并拖曳鼠标，将文本框缩小，如图9-63所示，完成名片正面的制作，效果如图9-64所示。

图 9-61

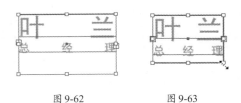

图 9-62　　　　　图 9-63

图 9-64

9.4.3 制作名片背面

01 双击"图层1"，在打开的"图层选项"对话框中设置名称为"正面"，如图9-65所示。再新建一个图层，命名为"背面"，如图9-66所示。

图 9-65　　　　　　　　　图 9-66

02 使用"矩形工具" ，在空白画板的左上角单击鼠标，如图9-67所示，弹出"矩形"对话框，设置宽度与高度参数，创建一个与画板相同大小的矩形，如图9-68和图9-69所示。

图 9-67

图 9-68

图 9-69

03 选中名片正面的枫叶符号，如图9-70所示，在"图层"面板中，该符号所在图层后面会显示状图标，如图9-71所示。

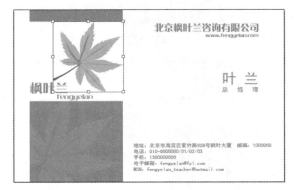

图 9-70

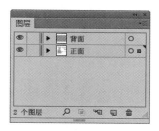

图 9-71

04 按住Alt键并将该图标拖曳到"背面"图层，如图9-72所示，这样操作可以将枫叶符号复制到该图层，此时画板中符号的定界框显示的是"背景"图层的颜色（红色），如图9-73所示。

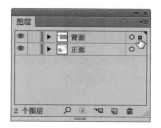

图 9-72

图 9-73

05 将枫叶符号拖曳到背面色块上，按住Shift键并单击背面色块，将其一同选中，释放Shift键并再单击一次背面色块，其边缘突出显示，单击控制面板中的 🔲 按钮，将枫叶与背景色块对齐，如图9-74所示。

图 9-74

06 选择"符号着色器工具" 🖌️，将前景色设置为白色，在符号上单击鼠标，为其着色，如图9-75所示。添加文字，如图9-76所示。

图 9-75　　　　　　　　　　图 9-76

07 使用"编组选择工具" 🔾➕，选取名片正面左下角的枫叶符号，用前面的方法复制到"背面"图层中，再将枫叶图形放大，如图9-77所示。

图 9-77

08 选取背景色块，按快捷键Ctrl+C复制，在空白处单击鼠标，取消选择，按快捷键Ctrl+F，将其粘贴到前面，单击"图层"面板下方的 🔲 按钮，创建剪切蒙版，如图9-78所示。

图 9-78

09 选取适合的素材图片为名片添加背景，效果如图9-79所示。

图 9-79

9.5 实战：制作书签和壁纸

9.5.1 制作小房子

01 选择"矩形工具" ，在画板中单击鼠标，打开"矩形"对话框，设置参数，如图9-80所示，单击"确定"按钮，创建一个矩形。设置填充颜色为K=5%，描边颜色为K=30%，描边粗细为0.5pt，如图9-81所示。

图9-80

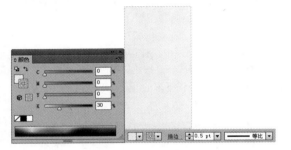

图9-81

02 使用"矩形工具" ，创建一个与书签宽度相同的矩形，填充绿色，再使用"圆角矩形工具" 创建一个稍小的圆角矩形，如图9-82所示。按住Shift键再创建一个圆角矩形，使用"选择工具" ，将光标放在圆角矩形的定界框一角，按住Shift键并拖曳鼠标，将图形旋转45°，如图9-83所示。使用"钢笔工具" 绘制一个黑色的三角形，按快捷键Ctrl+[，将其向后移动一个层次，再创建一个矩形的黑色烟囱、圆角矩形的门，如图9-84所示。

图9-82

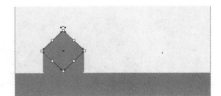

图9-83

图9-84

03 使用"钢笔工具" 绘制树干，使用"椭圆工具" 绘制树叶，如图9-85所示。再绘制深绿色的圆形，作为果实，如图9-86所示。

图9-85

图9-86

9.5.2 定义和使用符号

01 在"图层1"前面的空白处单击鼠标，锁定该图层。单击 按钮，新建"图层2"，如图9-87所示。

02 双击"极坐标网格工具" ，在打开的对话框中设置参数，如图9-88所示，创建一个极坐标网格图形。按D键，将该图形的描边和填色设置为默认的颜色，如图9-89所示。

图9-87

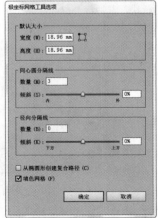

图9-88

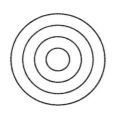

图 9-89

03 单击"路径查找器"面板中的"分割"按钮 ，将网格图形分割为单独的环形路径，如图9-90和图9-91所示。

图 9-90

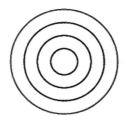

图 9-91

04 使用"编组选择工具" ，在最外圈的圆形上单击鼠标，将其选中，填充绿色，如图9-92所示。选择靠近中心的圆形，填充黄色，如图9-93所示。

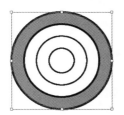

图 9-92

图 9-93

05 单击并拖出一个矩形选框，框选所有圆形，按X键，切换到描边编辑状态，单击工具箱中的 按钮，删除描边颜色，如图9-94所示。按住Alt键并拖曳该图形，进行复制，对填充颜色进行调整，效果如图9-95所示。

图 9-94

图 9-95

06 选择绿色图形，打开"符号"面板，单击该面板下方的 按钮，弹出"符号选项"对话框，设置名称为"符号1"，如图9-96所示，将图形创建为符号。采用同样的方法将黄绿色图形也创建为符号，设置名称为"符号2"，新创建的符号会保存在"符号"面板中，如图9-97所示。

图 9-96

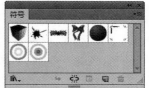

图 9-97

07 选择"符号"面板中的"符号1"，使用"符号喷枪工具" ，在画板中单击拖曳鼠标，创建符号组，如图9-98所示。保持符号组的选中状态，选择"符号"面板中的"符号2"，使用"符号喷枪工具" 添加符号，如图9-99所示。

图 9-98

图 9-99

08 按住Ctrl键并在"符号1"上单击鼠标，将这两个符号样本同时选中，如图9-100所示。选择"符号缩放器工具" ，按住Alt键并在符号上单击鼠标，将符号缩小，如图9-101所示。使用"符号移位器工具" 移动符号的位置，如图9-102所示。

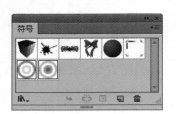

图 9-100

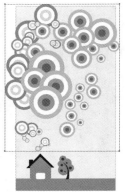

图 9-101

图 9-104

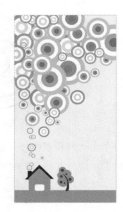

图 9-105

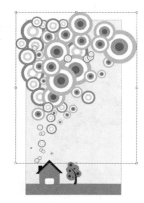

图 9-102

09 选择"符号着色器工具" ，将填充颜色设置为洋红色，在符号组上单击鼠标，改变符号的颜色，如图9-103所示。

图 9-103

10 创建一个与书签大小相同的矩形，如图9-104所示，按住Shift键并单击符号组，将其与矩形一同选取，按快捷键Ctrl+7，创建剪切蒙版，将矩形以外的图形隐藏，如图9-105所示。

9.5.3 制作壁纸

01 按快捷键Ctrl+N，打开"新建文档"对话框，在"配置文件"下拉列表中选择Web选项，在"大小"下拉列表中选择1024×768选项，创建一个文档。选择"矩形工具"，在画板左上角单击鼠标，打开"矩形"对话框，设置矩形的大小与文档大小相同，如图9-106所示，单击"确定"按钮创建矩形，为其填充黑色。将书签中的图形复制到Web文档中，书签是小于Web页面的，调整复制后图形的大小以适合画面。书签中包含蒙版的矩形，将它的大小调整到与文档大小相同的状态，如图9-107所示。

图 9-106

图 9-107

02 选择"符号移位器工具" ，按下Ctrl键并单击符号组将其选中，释放Ctrl键并在上面拖曳鼠标，移动符号，使符号分布在文档上方，如图9-108所示。

图 9-108

03 选中壁纸中的房檐与烟囱图形，为它们填充棕色，使其与黑色的背景有所区分。在书签与壁纸中加入文字，效果如图9-109所示。

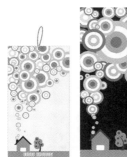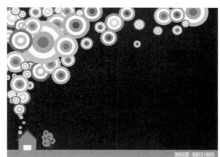

图 9-109

9.6 实战：霓虹灯效果POP广告

9.6.1 制作瓶体

01 新建一个大小为210mm×297mm、RGB模式的文件。用"钢笔工具" ✎绘制一条路径，如图9-110所示。选择"镜像工具" ，将光标放在图形顶部的端点上，如图9-111所示，按住Alt键并单击鼠标，在弹出的对话框中选择"垂直"选项，如图9-112所示，单击"复制"按钮，沿垂直方向复制图形，得到一个完整的饮料瓶轮廓图形，如图9-113所示。

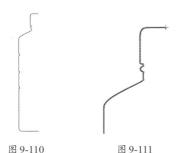

图 9-110　　　　图 9-111

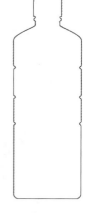

图 9-112　　　　图 9-113

02 使用"直接选择工具" ，选中这两条路径重合的端点，如图9-114所示，按快捷键Ctrl+J，将它们连接。选择饮料瓶底部重合的端点，如图9-115所示，按快捷键Ctrl+J进行连接，使它们成为一条路径，如图9-116所示。

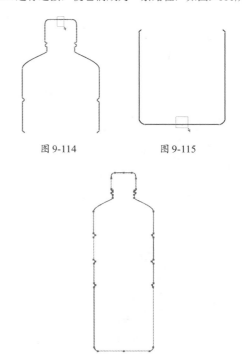

图 9-114　　　　图 9-115

图 9-116

03 将路径图层拖曳到"创建新图层"按钮上 ，复制为3个，如图9-117所示。由于这三个图形的大小一致，并且重合在一起，因此，在画面中很难使用工具选择其中的一个图形，必须通过"图层"面板选择。将光标移至如图9-118所示的位置，单击鼠标，选择最下面的路径，修改它的描边颜色和描边宽度，如图9-119所示。设置混合模式为"叠加"，不透明度为60%，如图9-120所示。

图 9-117　　　　　　　图 9-118

图 9-119　　　　　　图 9-120

04 在"图层"面板中选择中间的路径，如图9-121所示，调整描边颜色和描边宽度，如图9-122和图9-123所示。

图 9-121　　　　　　　图 9-122

图 9-123

05 选择最上面的路径，如图9-124所示，调整描边颜色和描边宽度，如图9-125和图9-126所示。

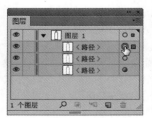

图 9-124　　　　　　　图 9-125

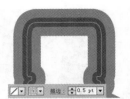

图 9-126

06 在"图层"面板中，按住Shift键并单击上面两个路径右侧的 ○ 状图标，选中这两个路径，如图9-127所示，按快捷键Alt+Ctrl+B创建混合，如图9-128所示。双击"混合工具" ，在打开的对话框中选择"指定的步数"选项，设置数值为10，效果如图9-129所示。

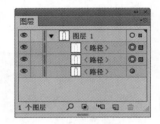

图 9-127

图 9-128　　　　　　图 9-129

Point 也许有的读者会发现，修改混合选项后，图形效果没有任何变化，那么为什么还要这样操作呢？这是因为在默认状态下创建的混合采用的是"平滑颜色"方式，混合效果较好，但混合的步数非常多，因此文件也很大，而通过"指定步数"，即可在保持最佳混合外观的前提下减少混合步数，因此，可以减小文件所占用的存储空间。

9.6.2　制作发光灯管

01 新建一个图层。用"钢笔工具" 绘制一条蜿蜒的曲线，如图9-130所示。在"图层"面板中将该路径复制为3个，如图9-131所示。

图 9-130 　　　　　　 图 9-131

02 选择最下面的路径，如图9-132所示，设置其混合模式为"叠加"，不透明度为60%，如图9-133所示。

图 9-132 　　　　　　 图 9-133

03 选择中间的路径图形，如图9-134所示，修改它的描边颜色和描边宽度，如图9-135所示，可以通过隐藏最上面的图形来观察当前图形的效果，如图9-136所示。

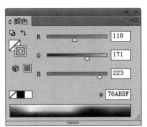

图 9-134 　　　　　　 图 9-135

图 9-136

04 将隐藏的图层显示出来。选择最上面的图形，如图9-137所示，修改它的描边颜色和描边宽度，如图9-138所示。

图 9-137 　　　　　　 图 9-138

05 按住Shift键并单击上面两个路径图层右侧的 ◯ 状图标，将它们选中，如图9-139所示，按快捷键Alt+Ctrl+B创建混合，如图9-140所示。双击"混合工具" ，在打开的对话框中选择"指定步数"选项，设置步数为10，混合效果如图9-141所示。

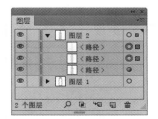

图 9-139

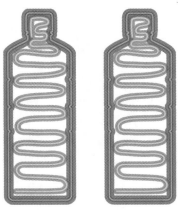

图 9-140 　　　　　　 图 9-141

9.6.3 添加标志和背景

01 使用"圆角矩形工具" ，创建3个圆角矩形，填充线性渐变，如图9-142和图9-143所示。打开光盘中的素材，将图形和文字拖曳到饮料瓶上，如图9-144所示。

图 9-142　　　　　　　图 9-143　　　　　　　图 9-144

02 在"图层"面板中单击"图层1"，将其选中。创建一个矩形，设置它的描边颜色为黑色，描边宽度为1pt，如图9-145所示。按快捷键Shift+Ctrl+[，将其移动到底层，按快捷键Ctrl+C复制，在后面的操作中会用到。执行"窗口>图形样式库>纹理"命令，打开该样式库，单击如图9-146所示的纹理，为图形添加该样式，如图9-147所示。

图 9-145　　　　　　　图 9-146　　　　　　　图 9-147

03 修改矩形的填充颜色，如图9-148和图9-149所示。保持图形的选中状态，按快捷键Ctrl+F，将剪贴板中复制的矩形粘贴到前面，填充线性渐变，如图9-150和图9-151所示。

图 9-148　　　　　　　图 9-149　　　　　　　图 9-150　　　　　　　图 9-151

04 设置混合模式为"正片叠底"，如图9-152所示，最终的效果如图9-153所示。

图 9-153

图 9-152　　　　　　　图 9-153

9.7　实战：展示卡式POP广告

9.7.1　制作平面图形

01 使用"圆角矩形工具" 创建圆角矩形（拖曳鼠标时可按下↑键增加圆角半径），如图9-154所示。执行"窗口>色板库>渐变>水果和蔬菜"命令，在打开的面板中选择如图9-155所示的渐变色板，效果如图9-156所示。

图 9-154

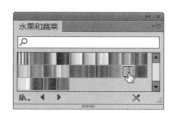

图 9-155

图 9-156

02 执行"对象>封套扭曲>用变形建立"命令，打开"变形选项"面板，在"样式"下拉列表中选择"弧形"，设置"弯曲"参数为40%，如图9-157和图9-158所示。

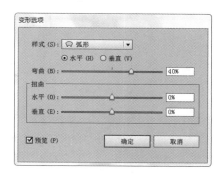

图 9-157

图 9-158

03 打开光盘中的素材，手机被保存为符号，将其拖曳到画板中，如图9-159和图9-160所示。

图 9-159　　　　　　　图 9-160

04 使用"选择工具" 选取手机，按快捷键Ctrl+C复制，按下Ctrl+Tab键，切换到POP广告文档中，按快捷键Ctrl+V，将手机粘贴在文档的中间，如图9-161所示。

图 9-161

05 单击鼠标右键，打开快捷菜单，选择"变换>分别变换"命令，打开"分别变换"对话框，设置缩放参数均为62%，旋转角度为23°，如图9-162所示，单击"复制"按钮，复制一个缩小并旋转的手机，将其移动到画面左侧，如图9-163所示。

图 9-162

图 9-163

06 选择"镜像工具"，按住Alt键并在画板中间位置单击鼠标，弹出"镜像"对话框，选择"垂直"选项，单击"复制"按钮，在对称位置复制出一个手机，如图9-164和图9-165所示。

图 9-164

图 9-165

07 使用"选择工具"，按住Shift键选中这两个小的手机图形，选择"符号着色器工具"，在"色板"面板中选择洋红色作为填充颜色，如图9-166所示，在手机上单击鼠标，改变手机颜色，如图9-167所示。再选择蓝色作为填充颜色，在右侧的手机上单击鼠标，使其呈现为紫色，如图9-168所示。

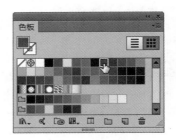

图 9-166

图 9-167

图 9-168

08 使用"矩形工具"，创建一个与画板大小相同的矩形。双击"渐变工具"，打开"渐变"面板调整渐变颜色，如图9-169所示，效果如图9-170所示。

图 9-169

图 9-170

9.7.2 制作粗描边弧形字

01 锁定"图层1"，单击 ▣ 按钮，新建"图层2"，如图9-171所示。

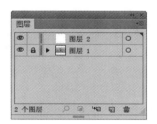

图 9-171

02 使用"文字工具" **T** 输入文字，在"字符"面板中设置字体和大小，设置水平缩放为75%，如图9-172所示。在"爱拍一族"后面加入空格，使文字之间保持较大空隙，便于在下面的操作中进行编辑，使文字可以排列在手机的空隙中，如图9-173所示。

图 9-172

图 9-173

03 按快捷键Shift+Ctrl+O，将文字转换为轮廓，如图9-174所示。打开"外观"面板，如图9-175所示，双击"内容"选项，显示文字的描边与填色属性，如图9-176所示。

图 9-174

图 9-175　　　　　　图 9-176

04 保持文字的选中状态，设置填充颜色为黄绿色、描边颜色为白色、粗细为12pt，将"描边"属性拖曳到"填色"属性下方，使文字不会因为描边变粗而遮挡填充颜色，如图9-177和图9-178所示。

图 9-177

图 9-178

05 执行"对象>封套扭曲>用变形建立"命令，在打开的对话框中设置参数，如图9-179所示，效果如图9-180所示。此时控制面板中显示了封套变形的各个选项及参数，如图9-181所示，如果对弯曲效果不满意，可以直接在控制面板中调整参数。

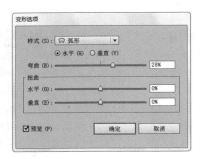

图 9-179

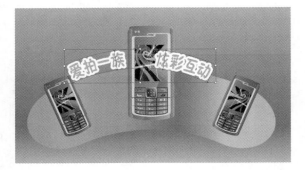

图 9-180

图 9-181

06 单击"编辑内容"按钮 图，显示文字路径，如图 9-182所示。使用"编组选择工具" 拖出一个矩形框，框选右侧的4个文字，如图9-183所示，按住Shift键并将文字向右侧移动，如图9-184所示。单击"编辑封套"按钮 图，恢复封套状态，按住Shift键并拖曳定界框的一角，将文字放大，如图9-185所示。

图 9-182

图 9-183

图 9-184

图 9-185

9.7.3 添加文字介绍

01 使用"椭圆工具" ，按住Shift键创建一个圆形。执行"窗口>色板库>渐变>天空"命令，打开该面板，单击"天空8"渐变样本，如图9-186和图9-187所示。

图 9-186　　　　　　图 9-187

02 在"外观"面板中显示了圆形的"描边"与"填色"属性，如图9-188所示，将"描边"属性拖曳到面板下方的 按钮上，进行复制，如图9-189所示。

图 9-188

图 9-189

03 将复制后的"描边"属性拖曳到"填色"属性下方，设置描边粗细为9pt。单击 按钮，打开"色板"面板，选择黄色，如图9-190所示。使用"文字工具" 输入文字，如图9-191所示。

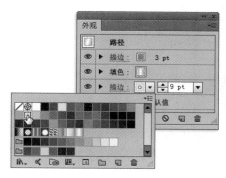

图 9-190

图 9-191

04 使用"选择工具" ，按住Shift键并选取文字及圆形，按快捷键Ctrl+G编组。双击"旋转工具" ，打开"旋转"对话框，设置旋转角度为15°，如图9-192和图9-193所示。

图 9-192　　　　　　　图 9-193

05 使用"选择工具" ，按住Shift+Alt键，将编组图形拖曳到画面右侧进行复制。使用"编组选择工具" 单击圆形，将其选中，单击"天空"面板中的"天空16"渐变色板，如图9-194所示。在文字上双击，进入文字编辑状态，对文字内容和颜色进行修改，如图9-195所示。

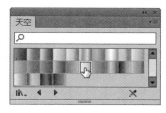

图 9-194

图 9-195

06 采用同样的方法制作另外两处文字说明，在"外观"面板中设置圆形的属性，如图9-196所示，效果如图9-197所示。

图 9-196

图 9-197

9.7.4 制作投影

01 选择"图层1"并解除它的锁定，如图9-198所示。在弧形渐变条上单击鼠标，将其选中，如图9-199所示。

图 9-198

图 9-199

$0\!2$ 按快捷键Ctrl+C复制，按快捷键Ctrl+B，将其粘贴到后面，对图形的高度进行调整，如图9-200所示。单击控制面板中的"编辑内容"按钮 ⊠，显示原始图形的形状，如图9-201所示。

图 9-200

图 9-201

$0\!3$ 修改渐变条形的填充颜色，如图9-202和图9-203所示。

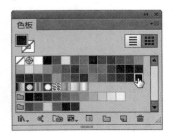

图 9-202

图 9-203

$0\!4$ 执行"效果>风格化>羽化"命令，将图形制作为投影，如图9-204和图9-205所示。

图 9-204

图 9-205

$0\!5$ 适当调整投影的高度与位置，完成后的效果如图9-206所示。

图 9-206

9.8 实战：海报版面设计

$0\!1$ 按快捷键Ctrl+N，打开"新建文档"对话框，在"配置文件"下拉列表中选择"打印"选项，在"大小"

下拉列表中选择A4选项，单击"取向"选项中的"垂直"按钮，如图9-207所示，创建一个A4大小（海报尺寸）的文档。使用"矩形工具" ▬，创建一个与画板大小相同的矩形，填充米黄色，如图9-208所示。

图 9-207　　　　　　　　　　图 9-208

02 使用"椭圆工具" ⬭，按住Shift键并创建一个圆形，如图9-209所示。选择"添加锚点工具" ✍，将光标放在路径上，如图9-210所示，单击鼠标，添加一个锚点，如图9-211所示。

图 9-209

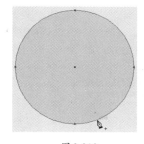
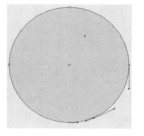

图 9-210　　　　　　　　　　图 9-211

03 使用"直接选择工具" ▷ 移动锚点，如图9-212所示。拖曳方向点调整路径形状，如图9-213所示。按快捷键Ctrl+C复制图形。在"图层1"的前方单击，将该图层锁定，如图9-214所示。单击"图层"面板底部的 🗍 按钮，新建一个图层，如图9-215所示。

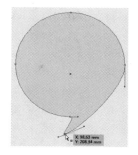
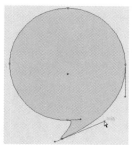

图 9-212　　　　　　　　　　图 9-213

图 9-214　　　　　　　　　　图 9-215

04 按快捷键Ctrl+V，粘贴图形，按住Shift+Alt键并拖曳控制点，将图形缩小，然后修改填充颜色，如图9-216所示。使用"选择工具" ▸，按住Alt键并拖曳图形进行复制，如图9-217所示。将图形压扁，如图9-218所示，将填充颜色设置为洋红色。使用"直接选择工具" ▷ 移动锚点，如图9-219所示。

图 9-216　　　　　　　　　　图 9-217

图 9-218　　　　　　　　　　图 9-219

05 再复制一个蓝色的图形，如图9-220所示。将光标放在定界框外，单击并拖曳鼠标旋转图形，如图9-221所示。将图形缩小并修改填充颜色，如图9-222所示。使用"直接选择工具" ▷ 移动最上方的锚点，如图9-223所示。

图 9-220　　　　　　图 9-221

图 9-222　　　　　　图 9-223

06 继续复制图形，修改填充颜色、调整大小并适当旋转，以"图层1"中的大逗号图形为基准，在整个图形范围内铺满小逗号图形，如图9-224所示。在"图层1"的锁状图标🔒上单击鼠标，解除该图层的锁定状态，如图9-225所示。在大逗号的眼睛图标👁上单击鼠标，将该图形隐藏，如图9-226和图9-227所示。

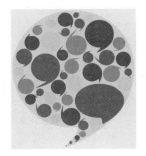
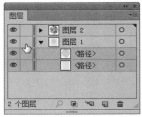

图 9-224　　　　　　图 9-225

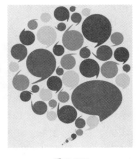

图 9-226　　　　　　图 9-227

07 用"文字工具"**T**输入几行文字，如图9-228和图9-229所示。

图 9-228

图 9-229

9.9　实战：饮料宣传海报

9.9.1　制作可乐瓶

01 按快捷键Ctrl+N，打开"新建文档"对话框，设置文件大小为297mm×420mm、颜色模式为CMYK颜色，如图9-230所示，新建一个文档。

图 9-230

02执行"窗口>符号库>花朵"命令,打开"花朵"符号库,如图9-231所示,将花朵符号直接拖曳到画板中,如图9-232所示。选择这些符号,按快捷键Ctrl+G编组。

图 9-231　　　　　　　图 9-232

03使用"钢笔工具" 绘制一个可乐瓶图形,如图9-233所示。按快捷键Ctrl+C复制,在空白处单击鼠标,取消选择。按快捷键Ctrl+B,将复制的图形粘贴到后面,在"图层"面板中可以看到该图形所处的位置,如图9-234所示。单击"建立/释放剪切蒙版"按钮 ,创建剪切蒙版,如图9-235所示。

图 9-233

图 9-234　　　　　　　图 9-235

04将"图层1"锁定,按下Ctrl+Alt键并单击"创建新图层"按钮 ,打开"图层选项"对话框,单击"确

定"按钮,在当前图层的下方创建一个图层,如图9-236所示。按快捷键Ctrl+V,将复制的图形粘贴到新建的图层中,如图9-237所示。

图 9-236　　　　　　　图 9-237

05将光标放在定界框上,单击并拖曳鼠标将图形放大,设置该图形的填充颜色为灰色,如图9-238所示。按快捷键Ctrl+F,将复制的图形粘贴到前面,设置该图形的颜色为白色,调整图形的位置并适当放大,如图9-239所示。

图 9-238　　　　　　　图 9-239

06使用"钢笔工具" 绘制一个图形,如图9-240所示。按快捷键Ctrl+C复制,按快捷键Ctrl+F,将其粘贴到前面,填充白色,无描边颜色,将它的位置适当向左下方移动,只露出下面灰色图形的一边,如图9-241所示。

图 9-240　　　　　　　图 9-241

07再次按快捷键Ctrl+F,将图形粘贴到前面。打开"渐变"面板,调整渐变颜色,填充线性渐变,如图9-242和图9-243所示。

图 9-242　　　　　　　　　　图 9-243

$\textit{08}$ 使用"钢笔工具" $\mathscr{O}$ 绘制水滴形状的图形，填充渐变，如图9-244所示。使用"选择工具" $\blacktriangleright$ ，按下Alt键并拖曳水滴图形进行复制，调整复制后的图形大小及角度，如图9-245所示。

图 9-244　　　　　　　　　　图 9-245

$\textit{09}$ 选择"窗口>符号>自然"命令，打开"自然"符号库，将如图9-246所示的符号样本拖曳到画板中，如图9-247所示。复制该符号，并调整符号的大小和角度，如图9-248所示。

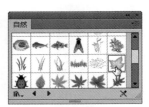

图 9-246　　　　　　　　　　图 9-247

图 9-248

$\textit{10}$ 打开光盘中的素材，如图9-249所示，将文字选中，按快捷键Ctrl+C复制，然后粘贴到可乐瓶海报文档中，如图9-250所示。设置文字的填充颜色和描边颜色为白色，如图9-251所示。

图 9-249　　　　　　　　　　图 9-250

图 9-251

9.9.2 制作背景

$\textit{01}$ 按下Ctrl+Alt键并单击"创建新图层"按钮 $\square$ ，打开"图层选项"对话框，单击"确定"按钮，在当前图层的下方创建一个图层，如图9-252所示。

图 9-252

02 打开光盘中的素材，如图9-253所示，选取并复制图形，然后粘贴到可乐瓶海报文档中，如图9-254所示。

图 9-253

图 9-254

03 使用"钢笔工具" 绘制一个图形，如图9-255所示。单击"图层"面板中的"建立/释放剪切蒙版"按钮，创建剪切蒙版，将画板以外的图形隐藏，如图9-256所示。

图 9-255   图 9-256

04 将"图层1"、"图层2"和"图层3"隐藏。按下Ctrl+Alt键并单击"创建新图层"按钮，在当前图层的下方创建一个图层，如图9-257所示。选择"矩形工具"，以画板的大小为基准创建一个矩形，填充线性渐

变，如图9-258所示。

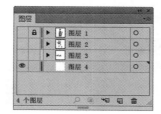

图 9-257

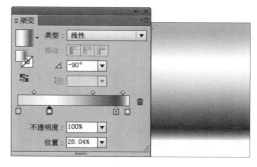

图 9-258

05 执行"窗口>画笔库>装饰_散布"命令，打开该面板，选择如图9-259所示的样本，使用"画笔工具" 在画面中绘制两条路径，如图9-260所示。

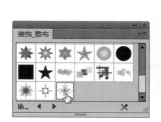

图 9-259   图 9-260

06 设置图形的混合模式为"强光"，如图9-261所示。

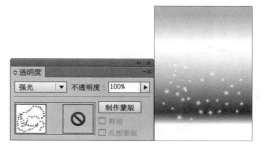

图 9-261

07 使用"钢笔工具" 绘制一个图形，填充红色，如图9-262所示。使用"选择工具"，按下Alt键并向上拖曳该图形进行复制，将复制后的图形填充为灰色，如图9-263所示。再分别复制两个图形，调整它们的颜色，如图9-264和图9-265所示。

图 9-262

图 9-263

图 9-264

图 9-265

08 在"图层"面板中显示所有图层，完成制作，如图
9-266和图9-267所示。

图 9-266

图 9-267

9.10 实战：艺术展海报

9.10.1 版面构图

01 按快捷键Ctrl+N，打开"新建文档"对话框，在"配
置文件"下拉列表中选择"打印"选项、在"大小"
下拉列表中选择A3选项，并单击"纵向"按钮 ，创建一
个CMYK模式的文档。

02 选择"矩形工具" ，在画板中单击鼠标，打开"矩
形"对话框，创建一个与画板大小相同的矩形，如图
9-268所示，为其填充浅绿色，如图9-269和图9-270所示。

图 9-268

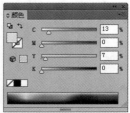
图 9-269

图 9-270

03 再绘制一个黑色的矩形，如图9-271所示。使用"选
择工具" ，按住Alt+Shift键并向左拖曳矩形进行复
制，调整宽度，如图9-272所示。单击第一个黑色矩形，将其
选中，按住Alt+Shift键向下拖曳进行复制，调整矩形的高度，
如图9-273所示。在画面下方绘制矩形，如图9-274所示。

图 9-271

图 9-272

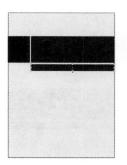
图 9-273

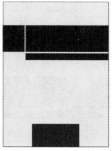
图 9-274

04 再绘制一个与画面宽度相同的矩形，填充绿色，如图9-275和图9-276所示。

图 9-275

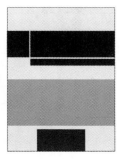
图 9-276

05 执行"对象>路径>分割为网格"命令，打开"分割为网格"对话框，设置行数为25、列数为30，如图9-277所示，单击"确定"按钮，将矩形分割为网格。分割后的图形处于选中状态，如图9-278所示，按快捷键Ctrl+G，将这些小的矩形编为一组。在空白处单击鼠标，取消选择，效果如图9-279所示。

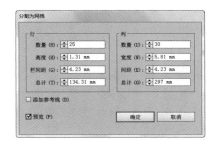
图 9-277

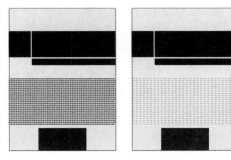
图 9-278   图 9-279

06 调整网格的宽度，按住Shift键并在定界框外拖曳鼠标，将网格旋转45°，如图9-280所示。

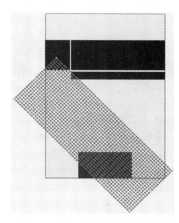
图 9-280

07 选择背景图形，按快捷键Ctrl+C复制，在空白处单击鼠标，取消选择。按快捷键Ctrl+F，将其粘贴在前面，单击"图层"面板下方的 ▣ 按钮，创建剪切蒙版，将画面以外的图形隐藏，如图9-281和图9-282所示。在"图层"面板中，将网格图层拖曳到黑色编组图层下方，效果如图9-283所示。

图 9-281

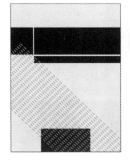
图 9-282

图 9-283

9.10.2 创建彩色枫叶符号实例

01 单击"符号"面板下方的 按钮，在打开的菜单中选择"自然"命令，打开该符号库，选择"枫叶2"样本，如图9-284所示。使用"符号喷枪工具" 在画板中单击鼠标，创建符号实例，如图9-285所示。使用"符号缩放器工具" 在符号上单击，将符号放大，按住Alt键并单击可以缩小符号，如图9-286所示。

图 9-284

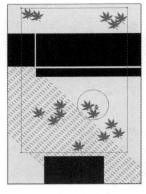 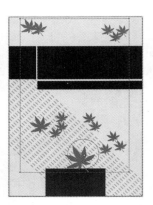

图 9-285　　　　　　　图 9-286

 如果是采用单击并拖曳鼠标的方式操作，会创建密集的符号实例，符号之间的距离很近，而通过单击的方式操作，则可以在指定位置创建符号。

02 使用"符号旋转器工具" ，在符号上单击并拖曳鼠标，将符号旋转，如图9-287所示。使用"符号移位器工具" 调整符号的位置，如图9-288所示。

图 9-287　　　　　　　图 9-288

03 将填充颜色设置为黄色，使用"符号着色器工具" 在符号上单击鼠标，将枫叶改为黄色，如图

9-289所示。使用"符号滤色器工具" ，在画面上方的黄色枫叶上单击鼠标，使其变得透明，如图9-290所示。

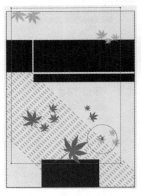 

图 9-289　　　　　　　图 9-290

04 使用"符号着色器工具" ，将画面下方的符号改为黄色。使用"符号喷枪工具" 在画面左侧单击鼠标，添加枫叶符号，如图9-291所示。继续使用符号工具组中的工具调整符号的大小、角度和颜色，如图9-292所示。

图 9-291　　　　　　　图 9-292

9.10.3 制作版画人物

01 锁定"图层1"，单击 按钮，新建"图层2"，如图9-293所示。执行"文件>置入"命令，置入光盘中的素材，如图9-294所示。

图 9-293　　　　　　　图 9-294

02 选中图像，在控制面板中"图像描摹"选项右侧的 按钮上单击鼠标，在打开的菜单中，选择"16色"选项，如图9-295所示，效果如图9-296所示。

图 9-295　　　　　　　　图 9-296

03 单击控制面板中的"扩展"按钮，将描摹对象转换为路径，如图9-297所示。使用"魔棒工具" ，在黑色背景上单击鼠标，将黑色图形全部选取，如图9-298所示。选择"套索工具" ，按住Alt键并将眼睛圈选，取消对眼睛区域的选择，如图9-299所示。

图 9-297

图 9-298

图 9-299

04 按下Delete键，删除所选对象，如图9-300所示。画面中还有一些残余的部分，可以使用"套索工具" 将其选中，如图9-301所示，按下Delete键删除，如图9-302所示。

图 9-300

图 9-301

图 9-302

05 使用"铅笔工具" ，在人物的头部绘制一个黑色图形，按快捷键Ctrl+[，将其向后移动，如图9-303所示。将人物与黑色图形选中，按快捷键Ctrl+G组组。双击"镜像工具" ，打开"镜像"对话框，选择"垂直"选项，单击"复制"按钮，镜像并复制图形，如图9-304所示。使用"选择工具" 将复制后的图形向左侧拖曳，如图9-305所示。选中这两个人物图形，按快捷键Ctrl+G编组。

图 9-303　　　　　　　　　图 9-304　　　　　　　　　图 9-305

06 再次双击"镜像工具" ，打开"镜像"对话框，选择"水平"选项，单击"复制"按钮，如图9-306所示，将复制后的图形向下移动并适当缩小，在"透明度"面板中设置混合模式为"明度"，如图9-307和图9-308所示。

图 9-306　　　　　　　　　图 9-307　　　　　　　　　图 9-308

9.10.4　制作装饰图形

01 分别绘制一个圆形和一个矩形，并将这两个图形选中，如图9-309所示，单击"路径查找器"中的"联集"按钮 ，将两个图形合并，如图9-310和图9-311所示。

图 9-309　　　　　　　　　图 9-310　　　　　　　　　图 9-311

02 使用"直接选择工具" ，单击并拖出一个选框，选取圆形与矩形相接处的两个锚点，按下↓键，将锚点向下移动，改变图形的形状，如图9-312所示。单击左侧的锚点，显示控制点，拖曳控制点改变图形的形状，如图9-313所示。采用同样的方法调整右侧锚点的控制点，效果如图9-314所示。

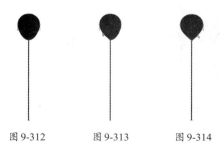

图 9-312　　　　　　　　　图 9-313　　　　　　　　　图 9-314

03 复制黑色雨滴图形，并调整大小。按快捷键Shift+Ctrl+[，将其调整到人物的后面，如图9-315所示。选取这些雨滴图形，将其镜像并移动到画面下方，适当缩小，将填充颜色设置为绿色，如图9-316所示。制作一些白色的雨滴图形，如图9-317所示。

图 9-315　　　　　　　　　图 9-316　　　　　　　　　图 9-317

04 在画面上方也添加一些黑色雨滴图形，如图9-318所示。

图 9-318

05 执行"窗口>符号库>绚丽矢量包"命令，打开如图9-319所示的面板，分别将绚丽矢量包11、12符号拖曳到画板中，适当放大并放在人物的后面作为装饰，如图9-320和图9-321所示。

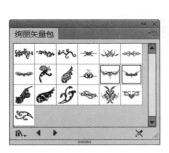

图 9-319　　　　　　　　　图 9-320　　　　　　　　　图 9-321

06 执行"窗口>符号库>至尊矢量包"命令，打开该面板，将至尊矢量包14符号拖曳到画板中，如图9-322所示。单击"符号"面板中的 ⟲ 按钮，断开与符号的链接，如图9-323和图9-324所示。

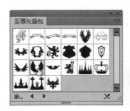
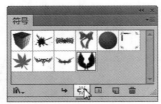

图 9-322　　　　　　　　　图 9-323　　　　　　　　　图 9-324

07 使用"编组选择工具"，选择一侧的翅膀并移动，增加翅膀之间的距离，将翅膀放在人物后面，如图9-325所示。

08 再从"符号"面板中拖出一个翅膀符号，单击 按钮，断开与符号的链接，将符号图形填充为白色。单击"符号"面板下方的 按钮，将其创建为新的符号。使用"选择工具" ，将白色翅膀符号拖曳到黑色雨滴图形上，按住Shift键并拖曳定界框，将符号等比例缩小，按住Alt键并拖曳，进行复制，将其点缀在其他黑色雨滴图形上。在白色雨滴图形上点缀黑色翅膀符号，如图9-326所示。

图 9-325　　　　　　　　　　　　　　　　图 9-326

09 使用"椭圆工具" ，按住Shift键绘制一个正圆形，设置描边粗细为20pt，无填充颜色，如图9-327所示。再绘制一个圆形，填充绿色，无描边颜色。选中这两个图形，单击控制面板中的"水平居中对齐"按钮 和"垂直居中对齐"按钮 ，将它们居中对齐，如图9-328所示。

10 将图形放在画面中。新建一个图层，将其他两个图层锁定。使用"文字工具" 单击并拖曳鼠标创建文本框，然后输入文字，文字可以自动换行，完成后的效果如图9-329所示。

图 9-327　　　　　　图 9-328　　　　　　　　图 9-329

学习重点

●实战：拼贴艺术插画　　　●实战：夜光小提琴
●实战：幻想艺术插画　　　●实战：圆环的演绎

扫描二维码，关注李老师的个人小站，了解更多 Photoshop、Illustrator 实例和操作技巧。

第 10 章

插画设计

10.1 插画设计

插画作为一种重要的视觉传达形式，以其直观的形象性、真实的生活感和艺术感染力，在现代设计中占有特殊的地位。在欧美等国家，插画已被广泛地运用于广告、传媒、出版、影视等领域，而且细分为儿童类、体育类、科幻类、食品类、数码类、纯艺术类、幽默类等多种专业类型。不仅如此，插画的风格也异常丰富多彩。

● 装饰风格插画：注重形式美感的设计。设计者所要传达的含义都是较为隐性的，这类插画中多采用装饰性的纹样，构图精致、色彩协调，如图 10-1 所示。

● 动漫风格插画：在插画中使用动画、漫画和卡通形象，增加插画的趣味性，如图 10-2 所示。

图 10-1　　　　　　　　　　　　图 10-2

● 矢量风格插画：能够充分体现图形的艺术美感，如图 10-3 和图 10-4 所示。

图 10-3　　　　　　　　　　　　图 10-4

- Mix & match风格插画：Mix意为混合、掺杂，match意为调和、匹配。Mix & match风格的插画能够融合许多独立的，甚至互相冲突的艺术表现方式，使之呈现协调的整体风格，如图10-5所示。
- 儿童风格插画：多用在儿童杂志或书籍，颜色较为鲜艳，画面生动、有趣。造型或简约，或可爱，或怪异，场景也比较卡通，如图10-6所示。

图10-5   图10-6

- 涂鸦风格插画：具有粗犷的美感，自由、随意且充满了个性，如图10-7所示。
- 线描风格插画：利用线条和平涂的色彩作为表现形式，具有单纯和简洁的特点，如图10-8所示。

图10-7   图10-8

10.2 实战：装饰风格插画

10.2.1 制作戴头盔的人物

01 按快捷键Ctrl+N，打开"新建文档"对话框，在"大小"下拉列表中选择A4选项，创建一个A4大小、CMYK模式的文档。使用"钢笔工具" ✐ 绘制人物轮廓，填充黑色，如图10-9所示。分别绘制眼眉、眼睛和睫毛，填充灰色，如图10-10所示。按快捷键Ctrl+A全选，按快捷键Ctrl+G编组。

图 10-9   图 10-10

02 打开光盘中的素材，如图10-11所示，将其拖曳到人物文档中，将高度调低，使图形呈扁长状。使用"钢笔工具" 绘制两个图形，分别填充渐变颜色与黑色，按快捷键Ctrl+[，将它们移动到按钮图形的后面，效果如图10-12所示。

图 10-11

图 10-12

03 将该图形选中，按快捷键Ctrl+G编组。按住Alt+Ctrl键并拖曳图形进行复制，将复制后的图形移动到人物眼睛处。选择"旋转工具" ，按住Alt键并在头部中间单击鼠标，如图10-13所示（白色十字图标为单击点），弹出"旋转"对话框，设置"角度"为-5°，单击"复制"按钮，旋转并复制出一个图形，如图10-14和图10-15所示。

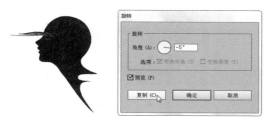

图 10-13   图 10-14

图 10-15

04 连续按快捷键Ctrl+D，重复前面的操作，得到图10-16所示的图形。按快捷键Ctrl+A全选。使用"选择工具" ，按住Shift键并在人物上面单击鼠标，从选中的对象中减去人物，剩下的是头饰，按快捷键Ctrl+G编组。按住Alt键并拖曳头饰图形进行复制，再将图形旋转，如图10-17所示。继续复制并调整图形，效果如图10-18所示。

图 10-16

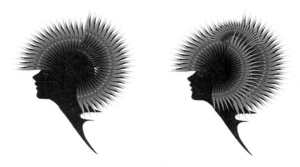

图 10-17   图 10-18

05 使用"椭圆工具" ，按住Shift键创建3个大小不同的圆形。选中这三个圆形，单击控制面板中的"水平居中对齐"按钮 和"垂直居中对齐"按钮 ，将圆形居中对齐，然后分别填充不同的渐变颜色，如图10-19所示。将这三个圆形编组，按快捷键Ctrl+C复制，按快捷键Ctrl+F，将其粘贴到前面，缩小并调整角度与填充的颜色，如图10-20所示。

图 10-19   图 10-20

06 选取第3步操作中制作的图形，按住Alt+Ctrl键并拖曳鼠标进行复制。双击"旋转工具" ，在打开的对话框中设置"角度"为72°，单击"复制"按钮，旋转并复制图形，如图10-21和图10-22所示。

图 10-21　　　　　　　　图 10-22

07 按快捷键Ctrl+D，重复执行上面的操作，制作出一个星形图案，如图10-23所示。在图形上面制作圆形的装饰，如图10-24所示。

图 10-23　　　　　　　　图 10-24

08 将图形编组，移动到人物的头部，再将最初制作的图形移动到颈部作为装饰，效果如图10-25所示。

图 10-25

10.2.2　制作机械臂

01 按住Alt+Ctrl键并单击"创建新图层"按钮 ，在当前图层下方新建一个图层。使用"圆角矩形工具" 创建一个圆角矩形，填充线性渐变，设置描边粗细为1pt，颜色为灰色，如图10-26所示。使用"选择工具" ，按住Alt+Shift键并拖曳图形进行复制，如图10-27所示。连续按快捷键Ctrl+D，复制图形，如图10-28所示。

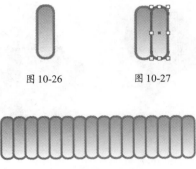

图 10-26　　　　　　图 10-27

图 10-28

02 在图形右端绘制一个稍大的圆角矩形，如图10-29所示。通过复制、绘制新图形、重新组合等方法制作出不同形状的机械模型，如图10-30~图10-32所示。

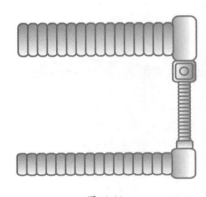

图 10-29

图 10-30

图 10-31

图 10-32

03 将这些机械模型分别编组，移动到画面中，如图10-33所示。制作更多的模型，效果如图10-34所示。

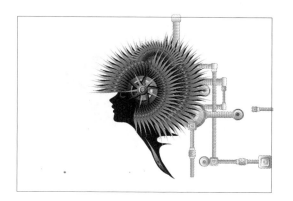

图 10-33

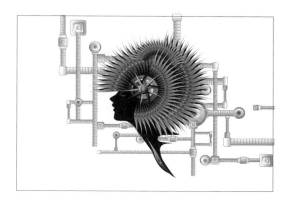

图 10-34

Point 制作复杂图形时，随时将图形对象分类、编组，可以更好地管理对象和重复使用同一图形。在选择编组中的某个对象时，可以使用"编组选择工具" 在图形上双击，它会依照图形的编组顺序逐渐增加选取范围，选取图形后复制、粘贴到画面中即可使用。如果在选取图形后，按住Alt键并拖曳对象进行复制，那么复制的对象与原对象处于一个编组中。

10.2.3 添加机械组件和云朵

01 选择"椭圆工具" ，在画板中单击鼠标，打开"椭圆"对话框，设置参数，如图10-35所示，单击"确定"按钮，创建一个正圆形，填充线性渐变，设置描边粗细为30pt，如图10-36所示。

图 10-35

图 10-36

02 按快捷键Ctrl+C复制图形，按快捷键Ctrl+F，将其粘贴到前面。使用"选择工具" ，按住Shift键并拖曳定界框，将圆形等比例缩小，设置填充颜色为无，描边颜色为红色，如图10-37所示。选择"剪刀工具" ，在路径的不同位置单击鼠标，将路径剪开，单击点即为路径的分割点，将路径剪为两段后，按下Delete键，将左侧一段路径删除，如图10-38和图10-39所示。

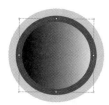

图 10-37

图 10-38

图 10-39

03 使用"圆角矩形工具" 创建一组圆角矩形，在"渐变"面板中设置渐变颜色，如图10-40和图10-41所示。

图 10-40

图 10-41

04 选取红色描边，按住Alt键拖曳进行复制，缩小并调整角度，如图10-42所示。在圆形的灰色轮廓上绘制一些小的圆形，填充线性渐变以表现明暗效果，使小圆形呈现凹下去的效果，设置描边粗细为2pt，颜色为K=10%，如图10-43所示。绘制其他图形，效果如图10-44所示。

图 10-42

图 10-43

图 10-44

05 将图形编组，移动到画面中。按快捷键Shift+Ctrl+[，将其移至底层，如图10-45所示。

图 10-45

06 使用"矩形网格工具" ▦创建网格图形。创建过程中可按下←键减少垂直分隔线，直到网格中没有垂直分隔线为止；按下↑键或↓键增加或减少水平分隔线；按下V键调整水平分隔线的间距，如果间距过密，可按下F键进行调整，效果如图10-46所示。使用"编组选择工具" ▷⁺，在外部矩形上单击鼠标，将其选中，如图10-47所示，按下Delete键删除，如图10-48所示。

图 10-46

图 10-47

图 10-48

07 将这一组直线移动到画面中，调整宽度，使画面布局均衡，如图10-49所示。

图 10-49

08 创建一组圆形，重叠排列，形成云朵形状，如图10-50所示。单击"路径查找器"面板中的"添加到形状区域"按钮 ▣，将圆形合并为一个图形，如图10-51所示。

09 复制云朵图形，填充"灰色-红色"渐变，放在画面的不同位置。在画面中添加一些上面操作中制作的红色按钮、灰色机械模型，效果如图10-52所示。

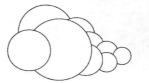　　

图 10-50　　　　　　　图 10-51

图 10-52

10 使用"钢笔工具" ✐绘制如图10-53所示的图形，绘制时按住Shift键可创建水平、垂直或呈45°的直线。在其上面创建两个圆形，如图10-54所示。选取这三个图形，单击"路径查找器"面板中的"减去顶层"按钮 ▣，使两个小圆形形成挖空区域，如图10-55所示。采用同样的方法在其下面制作一个图形，如图10-56所示。

图 10-53　　　　　　　图 10-54

图 10-55

图 10-56

11 创建一个圆角矩形，使用"直接选择工具" ![icon] 选取左下角的锚点，按 ↑ 键将锚点向上移动，改变圆角矩形的形状，如图10-57所示。要使圆角矩形产生平行四边形一样的倾斜效果，可以使用"倾斜工具" ![icon] 拖曳圆角矩形，制作出如图10-58所示的图形。将图形左对齐排列，在上面再制作两个填充较浅渐变颜色的图形，如图10-59所示。

图 10-57   图 10-58   图 10-59

12 将图形编组后移动到画面中，如图10-60和图10-61所示。

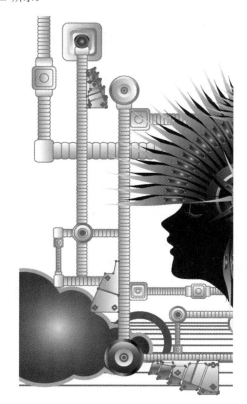
图 10-60

图 10-61

13 继续添加一些云朵，绘制重叠排列的矩形和圆形来丰富画面，如图10-62所示。

图 10-62

10.2.4 制作宝剑

01 下面来制作一把宝剑。使用"钢笔工具" ![icon] 绘制剑身，它由3个图形组成，分别填充不同的渐变颜色，如图10-63所示。剑柄使用了以前制作的图形，中间添加了一个使用"星形工具" ![icon] 创建的图形，如图10-64所示，宝剑效果如图10-65所示。

图 10-63   图 10-64   图 10-65

02 将宝剑图形编组，适当旋转并放在画面左侧，如图10-66所示。

图 10-66

03 创建一个与画板大小相同的矩形，单击"图层"面板中的  按钮，创建剪切蒙版，将画面以外的图形隐藏。绘制一个矩形作为背景，填充灰色渐变，按快捷键Shift+Ctrl+[，将其移至底层，完成后的效果如图10-67所示。

图 10-67

10.3 实战：拼贴艺术插画

10.3.1 制作云雾背景

01 新建一个A4大小的文档。执行"文件>置入"命令，置入光盘中的素材，在打开的对话框中取消选中"链接"选项，将图像嵌入到文档中，如图10-68所示。使用"选择工具" ▶ 旋转图像并适当拉伸，如图10-69所示。

图 10-68

图 10-69

02 创建一个与画板相同大小的矩形，填充白色，无描边颜色，设置不透明度为80％，如图10-70和图10-71所示。按快捷键Ctrl+C复制，按快捷键Ctrl+F，将其粘贴到前面，单击"图层"面板中的  按钮，创建剪切蒙版。如图10-72所示。

图 10-70

图 10-71

图 10-72

10.3.2 制作特殊拼贴效果

01 锁定"图层1",新建一个图层,如图10-73所示。执行"文件>置入"命令,置入光盘中的PSD格式的素材,在打开的对话框中取消选中"链接"选项,将图像嵌入到文档中,如图10-74所示。

图 10-73

图 10-74

02 使用"钢笔工具" ✍ 绘制一个图形,填充黑色,无描边,如图10-75所示。选择人物图像和该图形,打开"透明度"面板菜单,选择"建立不透明蒙版"命令,创建不透明度蒙版,取消选中"剪切"选项,用该图形遮盖图像,如图10-76和图10-77所示。

图 10-75

图 10-76

图 10-77

03 将"图层2"拖曳到"创建新图层"按钮上 ▣,复制该图层,如图10-78所示。使用"矩形工具" ▣ 创建一个黑色的小方块,将其拖曳到"符号"面板中,创建为符号,如图10-79所示。

图 10-78

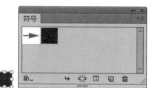

图 10-79

04 选择该符号,使用"符号喷枪工具" ▣ 创建一组符号实例,再用"符号缩放器工具" ▣ 进行缩放,用"符号旋转器工具" ◉ 进行旋转,如图10-80所示。选择"符号滤色器工具" ◉,在符号上单击鼠标,使符号呈现透明效果,如图10-81所示。

图 10-80

图 10-81

05 按快捷键Ctrl+X，将符号组剪切到剪贴板中。在"图层"面板中选中人物图像，如图10-82和图10-83所示，单击蒙版缩览图，切换到蒙版编辑状态，如图10-84和图10-85所示。

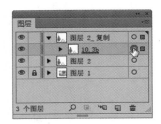

图 10-82

图 10-83

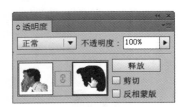

图 10-84

图 10-85

06 按下Delete键，删除蒙版图形，如图10-86和图10-87所示。按快捷键Ctrl+F，将剪贴板中的符号粘贴到蒙版中，选中"剪切"和"反相蒙版"选项，通过符号遮盖人物图像，创建特殊的拼贴效果，如图10-88和图10-89所示。

图 10-86

图 10-87

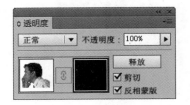

图 10-88

图 10-89

07 单击对象缩览图，如图10-90所示，结束蒙版的编辑，此时"图层"面板中会重新显示其他图层。将"图层2 复制"拖曳到"创建新图层"按钮 上，复制该图层，再将"图层2 复制"和"图层2"图层隐藏，如图10-91所示。

图 10-90

图 10-91

08 在"图层"面板中选中对象,如图10-92所示,按住Alt键并单击蒙版缩览图,在画面中单独显示蒙版,如图10-93和图10-94所示。

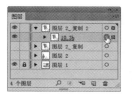

图10-92   图10-93

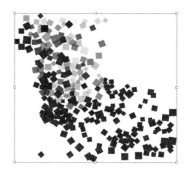

图10-94

09 使用"符号喷枪工具" 🔫,按住Alt键并单击符号,适当删除一些符号,再按住Alt键用"符号滤色器工具" 🍥 单击,还原符号的不透明度,用"符号位移器工具" 🍥 移动符号的位置,如图10-95所示。单击对象缩览图,如图10-96所示,结束蒙版的编辑,将图像向右侧适当移动,如图10-97所示。

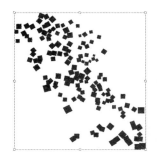

图10-95   图10-96

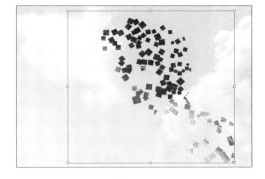

图10-97

10 设置图层的混合模式为"叠加",如图10-98所示。将所有的图层都显示出来,如图10-99和图10-100所示。

图10-98   图10-99

图10-100

11 新建一个图层。用"钢笔工具" 🖊 绘制一个图形,无描边,如图10-101所示。执行"窗口>色板库>图案>基本图形>基本圆形_点"命令,打开该图案库,选择如图10-102所示的图案,为图形填充该图案,如图10-103所示。

图10-101

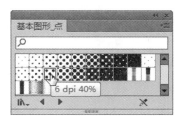

图10-102

图 10-103

12 双击"比例缩放工具" 🔲，打开"比例缩放"对话框，只选择"变换图案"选项，对图案进行不等比缩放，如图10-104所示。在"透明度"面板中设置图形的混合模式为"叠加"，不透明度为52%，效果如图10-105所示。

图 10-106

图 10-107

02 在"图层"面板顶部新建一个图层。选择一些飘带图形，复制并粘贴到该图层中，效果如图10-108所示。再新建一个图层，复制鸽子并粘贴到该图层中，效果如图10-109所示。

图 10-104

图 10-108

图 10-105

10.3.3 添加装饰图形

01 打开光盘中的素材，如图10-106所示。选择两个飘带图形，按Ctrl+Tab键，切换到插画文档，解除"图层1"的锁定，将它们粘贴到该图层中，如图10-107所示。

图 10-109

03 最后再添加一些图形和文字，如图10-110所示。

图 10-110

10.4 实战：幻想艺术插画

10.4.1 制作蒙版

01 打开光盘中的素材，如图10-111所示。使用"钢笔工具" ，沿人物轮廓绘制图形，如图10-112所示。

图 10-111   图 10-112

02 按快捷键Ctrl+A全选，打开"透明度"面板菜单，选择"建立不透明蒙版"命令，创建不透明度蒙版，如图10-113所示。设置对象的混合模式为"明度"，如图10-114所示。

图 10-113   图 10-114

10.4.2 制作飘带

01 在"图层1"下面新建一个图层，如图10-115所示。使用"钢笔工具" 绘制两条飘带，如图10-116所示。

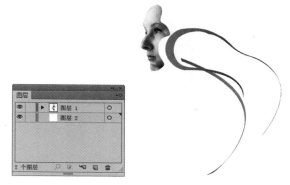

图 10-115   图 10-116

02 在人物的额头上绘制一组图形，如图10-117～图10-119所示。将这组图形选中，按快捷键Ctrl+G编组。

图 10-117   图 10-118

图 10-119

03 使用"选择工具" ，按住Alt键并拖曳图形进行复制，如图10-120所示。保持图形的选中状态，使用"变形工具" 涂抹，对其进行扭曲处理，如图10-121所示。采用同样的方法复制并扭曲图形，如图10-122所示。

图 10-120

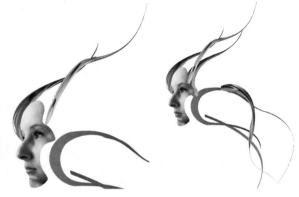

图 10-121 　　　　图 10-122

04 使用"钢笔工具" ✐ 绘制一个图形，填充线性渐变，如图10-123所示。在其上面再绘制一个图形，如图10-124所示。将这两个图形选中，按快捷键Ctrl+G编组。

图 10-123

图 10-124

Point 在前面的操作中，已经将蒙版对象的混合模式设置为"明度"，在该模式下，飘带图形与人物重叠的部分会改变人物的色相和饱和度，但不会遮盖人物。

05 选择"旋转工具" ↻ ，将光标放在图形的左侧，如图10-125所示，按住Alt键并单击鼠标，打开"旋转"对话框，设置角度为10°，单击"复制"按钮，复制图形，如图10-126所示。保存其选中状态，连续按快捷键Ctrl+D，复制出多个图形，如图10-127所示。

图 10-125

图 10-126

图 10-127

06 使用"钢笔工具" ✐ 绘制一些飘带，如图10-128～图10-131所示。

图 10-128

图 10-129

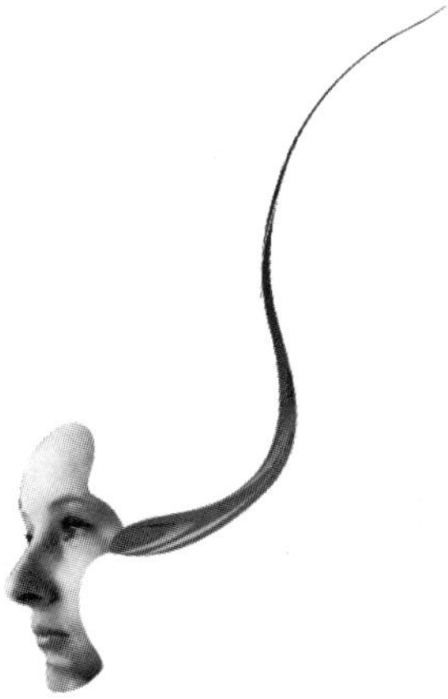

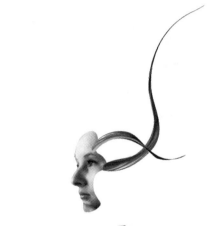

图 10-134

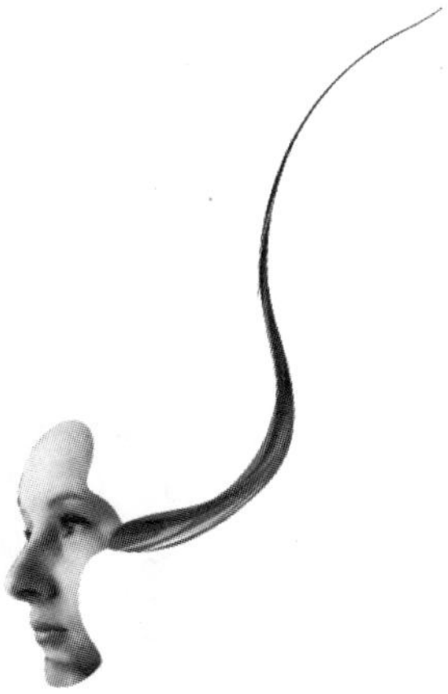

图 10-135

08 使用"选择工具" ▶，按住Alt键并拖曳图形进行复制。保持图形的选中状态，使用"变形工具" ⟲ 进行扭曲，如图10-136所示。采用同样的方法复制并扭曲图形，如图10-137所示。使用"钢笔工具" ✎ 绘制一条蓝色的飘带，如图10-138所示。

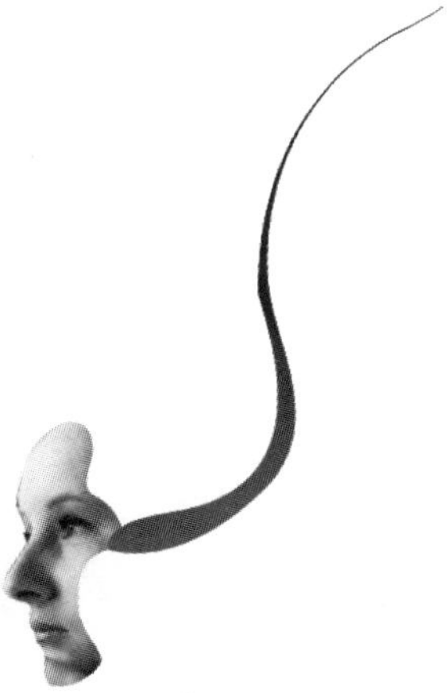

图 10-130

图 10-131

07 在"图层1"上面新建一个图层，将"图层2"隐藏，如图10-132所示。使用"钢笔工具" ✎ 绘制一组图形，如图10-133～图10-135所示。将这些图形选中，按快捷键Ctrl+G编组。

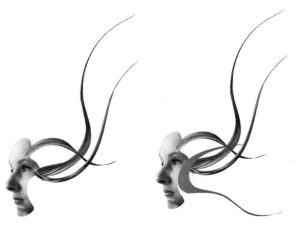

图 10-136

图 10-132

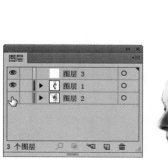

图 10-133

图 10-137

图 10-138

09 复制几组飘带图形，使用"变形工具" 扭曲，如图10-139所示。绘制一条蓝色的飘带，如图10-140所示，在其上面复制一组飘带并适当扭曲，如图10-141所示。

图 10-139

图 10-140

图 10-141

10.4.3 制作背景

01 将"图层2"显示出来，如图10-142和图10-143所示。新建一个图层，如图10-144所示，创建一个与画板大小相同的矩形，填充线性渐变，如图10-145所示。

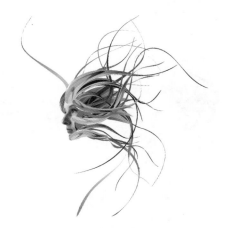

图 10-142

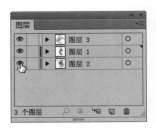

图 10-143

图 10-144

图 10-145

02 在"图层"面板顶部新建一个图层。用"文字工具" T 输入两行文字，如图10-146和图10-147所示。

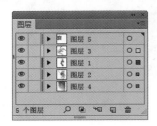

图 10-146

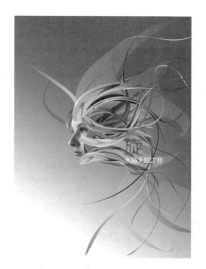

图 10-147

10.5 实战：夜光小提琴

01 新建一个文档。使用"矩形工具" ▢ 绘制一个与画板大小相同的矩形，填充黑色。单击"图层1"前面的 ▶ 状图标，展开图层列表，将矩形路径所在的子图层锁定，如图10-148所示。使用"钢笔工具" ✒ 绘制小提琴图形，如图10-149所示。

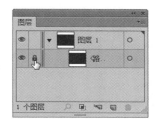

图 10-148

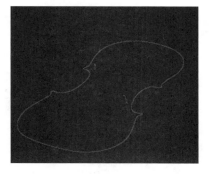

图 10-149

02 绘制4根琴弦，如图10-150所示。选取组成小提琴的所有路径，按快捷键Ctrl+G编组。使用"选择工具" ▶，按住Alt键并向下拖曳编组图形进行复制，将描边颜色设置为黑色，按快捷键Ctrl+[，将黑色小提琴移至红色小提琴的后面，再将其向下移动，如图10-151所示。

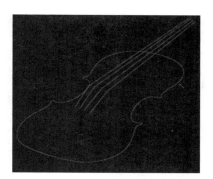

图 10-150

图 10-151

03 选取这两个小提琴图形，按快捷键Alt+Ctrl+B建立混合，双击"混合工具" ▨，在打开的对话框中设置指定的步数为30，如图10-152和图10-153所示。

图 10-152

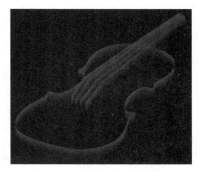

图 10-153

04 绘制一条路径，如图10-154所示。选择"路径文字工具" ✍，在"字符"面板中设置字体及大小，如图10-155所示。在路径上单击鼠标，然后输入文字，文字会自动沿路径排列，如图10-156所示。在琴弦处再绘制一条路径，采用同样的方法创建路径文字，如图10-157所示。

图 10-154

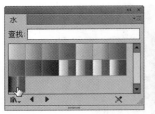

图 10-158

图 10-159

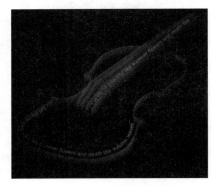

图 10-160

06 该渐变的名称为"带地平线的水域"，在"渐变"面板中可以看到，冷暖色之间并没有过渡，因而橙色与青色之间形成了一条清晰的线，如图10-161所示。将位于橙色与青色滑块中间的滑块拖到面板外，将其删除，以便让橙色与青色之间产生自然的过渡效果，如图10-162和图10-163所示。

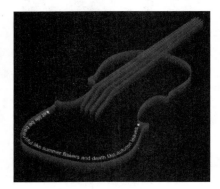

图 10-155

图 10-161

图 10-162

图 10-156

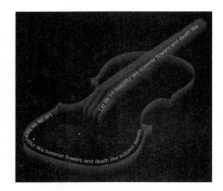

图 10-157

05 在小提琴上绘制一个矩形，大小要完全覆盖小提琴。执行"窗口>色板库>渐变>水"命令，载入渐变库，选择如图10-158所示的渐变，用其填充矩形，设置混合模式为"正片叠底"，如图10-159和图10-160所示。

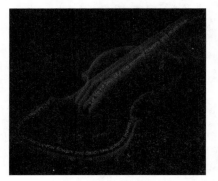

图 10-163

07 使用"椭圆工具"  绘制椭圆形，填充白色的径向渐变，将其中一个滑块的不透明度设置为0%，使渐变产生透明效果，如图10-164和图10-165所示。

图 10-164

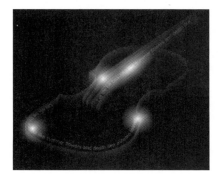

图 10-165

08 设置图形的混合模式为"叠加"，如图10-166和图10-167所示。

图 10-166

图 10-167

09 绘制一个矩形，填充线性渐变。使用"旋转工具" 将其旋转，如图10-168所示。执行"效果>风格化>羽化"命令，使图形边缘变得柔和，如图10-169和图10-170所示。设置该图形的混合模式为"正片叠底"，如图10-171所示。

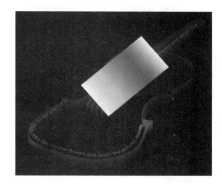

图 10-168

图 10-169

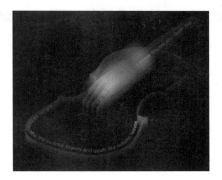

图 10-170

图 10-171

10 使用"光晕工具" 创建光晕图形，如图10-172所示。在画面右下角输入文字，如图10-173所示。

图 10-172

图 10-173

10.6 实战：圆环的演绎

01 新建一个大小为297mm×210mm、CMYK模式的文件。用"椭圆工具" 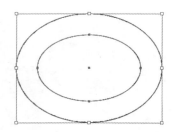创建两个椭圆形。将它们选中，单击"对齐"面板中的 按钮和 按钮，进行对齐，如图10-174所示。将稍小的圆形向上移动，如图10-175所示，以便制作成圆环后，可以产生近大远小的透视效果。

图 10-174

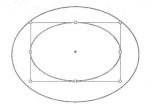

图 10-175

02 单击"路径查找器"面板中的 按钮，两个圆形相减后可以得到一个圆环，为其填充径向渐变和白色描边，如图10-176和图10-177所示。

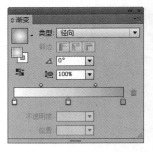 

图 10-176　　　　　　图 10-177

03 按住Alt键并向上拖曳环形进行复制。选择位于下面的图形，将填充颜色改为土黄色，无描边颜色，如图10-178所示。选中位于上面的环形，执行"效果>风格化>投影"命令，添加投影，如图10-179和图10-180所示。按快捷键Ctrl+A全选，按快捷键Ctrl+G编组。

图 10-178

图 10-179

图 10-180

04 复制编组后的圆环。使用"直接选择工具" ⟨⟩，选中填充了黄色渐变的圆环，调整它的颜色，如图10-181和图10-182所示。

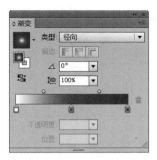

图 10-181

图 10-182

05 选择黄色圆环，单击"符号"面板中的 ▤ 按钮，在打开的对话框中设置名称为"黄色圆环"，如图10-183所示，单击"确定"按钮，将其创建为符号。采用同样的方法，将红色环形也创建为符号，如图10-184所示。

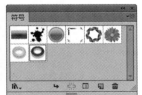

图 10-183　　　　　　图 10-184

06 创建一个与画板大小相同的矩形，填充线性渐变，如图10-185所示。使用"极坐标网格工具" ⊕ 创建网格图形，如图10-186所示。

图 10-185

07 单击"路径查找器"面板中的 ▤ 按钮，将网格图形分割成块状。使用"直接选择工具" ⟨⟩，选择图形并重新填色，设置描边颜色为灰色，粗细为1pt，如图10-187所示。

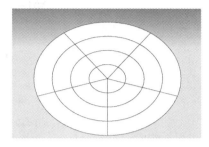

图 10-186

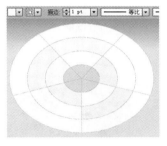

图 10-187

08 执行"效果>3D>旋转"命令，在打开的对话框中设置参数，如图10-188所示。将图形放大，如图10-189所示。创建一个与画板大小相同的矩形，单击"图层"面板中的 ▤ 按钮，创建剪切蒙版，将画板外的图形隐藏，如图10-190所示。

图 10-188

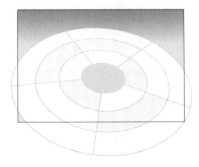

图 10-189

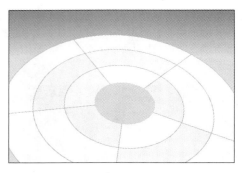

图 10-190

09 创建一个椭圆形，填充径向渐变，如图10-191所示，设置其混合模式为"正片叠底"，如图10-192和图10-193所示。

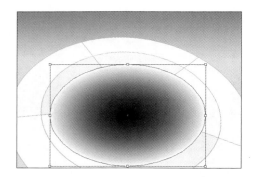

图 10-191

图 10-192

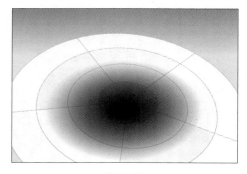

图 10-193

10 按住Ctrl+Alt键并拖曳网格图形进行复制，将其适当放大，无填充颜色，如图10-194所示。再次复制网格图形并放大，设置描边粗细为50pt，不透明度为25%，如图10-195所示。

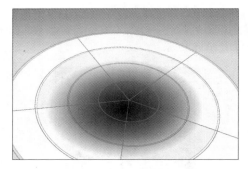

图 10-194

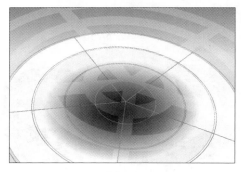

图 10-195

11 锁定"图层1"，新建"图层2"，如图10-196所示。选择"符号"面板中的"黄色环形"符号，使用"符号喷枪工具" 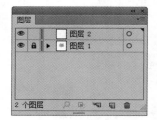 ，由下至上单击并拖曳鼠标创建一组符号，如图10-197所示。

图 10-196

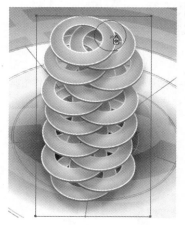

图 10-197

12 使用"符号紧缩器工具" 将符号聚拢到一条垂线上，如图10-198所示。使用"符号移位器工具" 移动符号。按 [键，将工具的直径调小，再对个别符号的位置进行调整，如图10-199所示。

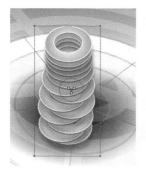 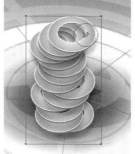

图 10-198　　　　　　图 10-199

Point 使用"符号紧缩器工具"时，按住Alt键并拖曳符号，可以增加符号间距，使其远离光标所在的位置。

13 使用"符号缩放器工具" ，按住Alt键并在符号上单击鼠标，将符号缩小，如图10-200所示。将前景色设置为棕红色，使用"符号着色器工具"改变符号的颜色，如图10-201所示。进一步调整符号的大小、位置和颜色，再将符号组缩小，如图10-202所示。

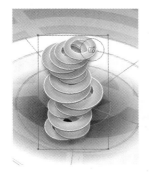 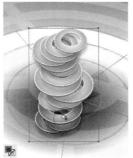

图 10-200　　　　　　图 10-201

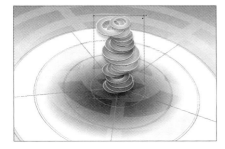

图 10-202

14 再创建一组符号，注意符号的大小和摆放位置，应体现空间感与层次感，如图10-203所示。复制符号组，使用"符号着色器工具"修改符号的颜色，按快捷键Shift+Ctrl+[，将其移至底层，再将符号组缩小，如图10-204所示。

图 10-203

图 10-204

15 选择"符号"面板中的"红色环形"符号，在画板中创建一组符号，如图10-205所示。继续添加符号，并将符号改为绿色，如图10-206所示。

图 10-205

图 10-206

16 新建一个图层。创建一个椭圆形，填充径向渐变，如图10-207所示。设置其混合模式为"颜色加深"，不透明度为60%，如图10-208和图10-209所示。

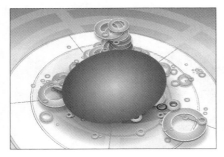

图 10-207   图 10-208   图 10-209

17 复制圆形，由于其设置了"颜色加深"模式，符号的颜色也会变得更加鲜亮，呈现玻璃镜面一样的光洁质感，如图10-210所示。用"文字工具" **T** 输入文字，完成后的效果如图10-211所示。

图 10-210   图 10-211

扫描二维码，关注李老师的个人小站，了解更多 Photoshop、Illustrator 实例和操作技巧。

Illustrator 常用快捷键

工具及快捷键	工具及快捷键	工具及快捷键	工具及快捷键
选择（V）	直接选择（A）	魔棒（Y）	套索（Q）
钢笔（P）	添加锚点（+）	删除锚点（−）	锚点（Shift+C）
文字（T）	直线段（\）	矩形（M）	椭圆（L）
画笔（B）	铅笔（N）	斑点画笔（Shift+B）	橡皮擦（Shift+E）
剪刀（C）	旋转（R）	镜像（O）	缩放（S）
宽度（Shift+W）	变形（Shift+R）	自由变换（E）	形状生成器（Shift+M）
实时上色工具（K）	实时上色选择（Shift+L）	透视网格（Shift+P）	透视选区（Shift+V）
网格（U）	渐变（G）	吸管（I）	混合（W）
符号喷枪（Shift+S）	画板（Shift+O）	切片（Shift+K）	抓手（H）
缩放（Z）	切换填色/描边（X）	默认值（D）	互换填色/描边（Shift+X）
颜色（,）	渐变（.）	无（/）	切换屏幕模式（F）

面板及快捷键	面板及快捷键	面板及快捷键	面板及快捷键
信息（Ctrl+F8）	变换（Shift+F8）	图层（F7）	图形样式（Shift+F5）
外观（Shift+F6）	对齐（Shift+F7）	属性（Ctrl+F11）	描边（Ctrl+F10）
OpenType（Alt+Shift+Ctrl+T）	制表符（Shift+Ctrl+T）	字符（Ctrl+T）	段落（Alt+Ctrl+T）
渐变（Ctrl+F9）	画笔（F5）	符号（Shift+Ctrl+F11）	透明度（Shift+Ctrl+F10）
颜色（F6）	颜色参考（Shift+F3）	显示/隐藏所有面板（Tab）	显示/隐藏除工具箱外的所有面板（Shift+Tab）

命令及快捷键	命令及快捷键	命令及快捷键	命令及快捷键
新建（Ctrl+N）	打开（Ctrl+O）	关闭（Ctrl+W）	存储（Ctrl+S）
存储为（Shift+Ctrl+S）	文档设置（Alt+Ctrl+P）	还原（Ctrl+Z）	重做（Shift+Ctrl+Z）
剪切（Ctrl+X）	复制（Ctrl+C）	粘贴（Ctrl+V）	贴在前面（Ctrl+F）
贴在后面（Ctrl+B）	就地粘贴（Shift+Ctrl+V）	再次变换（Ctrl+D）	移动（Shift+Ctrl+M）
分别变换（Alt+Shift+Ctrl+D）	置于顶层（Shift+Ctrl+]）	前移一层（Ctrl+]）	后移一层（Ctrl+[）
置于底层（Shift+Ctrl+[）	编组（Ctrl+G）	取消编组（Shift+Ctrl+G）	锁定所选对象（Ctrl+2）
全部解锁（Alt+Ctrl+2）	隐藏所选对象（Ctrl+3）	显示全部（Alt+Ctrl+3）	连接（Ctrl+J）
平均（Alt+Ctrl+J）	建立混合（Alt+Ctrl+B）	释放混合（Alt+Shift+Ctrl+B）	用变形建立封套扭曲（Alt+Shift+Ctrl+W）
用网格建立封套扭曲（Alt+Ctrl+M）	用顶层对象建立封套扭曲（Alt+Ctrl+C）	编辑封套内容（Shift+Ctrl+P）	建立实时上色（Alt+Ctrl+X）
建立剪切蒙版（Ctrl+7）	释放剪切蒙版（Alt+Ctrl+7）	建立复合路径（Ctrl+8）	释放复合路径（Alt+Shift+Ctrl+8）
创建轮廓（Shift+Ctrl+O）	显示隐藏字符（Alt+Ctrl+I）	选择全部（Ctrl+A）	取消选择（Shift+Ctrl+A）
重新选择（Ctrl+6）	选择上方的下一个对象（Alt+Ctrl+]）	选择下方的下一个对象（Alt+Ctrl+[）	应用上一个效果（Shift+Ctrl+E）
上一个效果（Alt+Shift+Ctrl+E）	预览/轮廓（Ctrl+Y）	放大（Ctrl+=）	缩小（Ctrl+−）
画板适合窗口大小（Ctrl+0）	全部适合窗口大小（Alt+Ctrl+0）	实际大小（Ctrl+1）	隐藏边缘（Ctrl+H）
隐藏画板（Shift+Ctrl+H）	显示标尺（Ctrl+R）	隐藏定界框（Shift+Ctrl+B）	显示透明度网格（Shift+Ctrl+D）
显示文本串接（Shift+Ctrl+Y）	显示/隐藏参考线（Ctrl+;）	锁定参考线（Alt+Ctrl+;）	智能参考线（Ctrl+U）
显示透视网格（Shift+Ctrl+I）	显示网格（Ctrl+'）	对齐网格（Shift+Ctrl+'）	对齐点（Alt+Ctrl+'）